Das **"Archiv für klinische Chirurgie"** erscheint nach Maßgabe des eingehenden Materials zwanglos, in einzeln berechneten Heften, von denen etwa 4 einen Band bilden.

Der Autor erhält einen Unkostenersatz von RM 20.— für den 16seitigen Druckbogen, jedoch im Höchstfalle RM 40.— für eine Arbeit.

Es wird ausdrücklich darauf aufmerksam gemacht, daß mit der Annahme des Manuskriptes und seiner Veröffentlichung durch den Verlag das ausschließliche Verlagsrecht für alle Sprachen und Länder an den Verlag übergeht, und zwar bis zum 31. Dezember desjenigen Kalenderjahres, das auf das Jahr des Erscheinens folgt. Hieraus ergibt sich, daß grundsätzlich nur Arbeiten angenommen werden können, die vorher weder im Inland noch im Ausland veröffentlicht worden sind, und die auch nachträglich nicht anderweitig zu veröffentlichen der Autor sich verpflichtet.

Bei Arbeiten aus Instituten, Kliniken usw. ist eine Erklärung des Direktors oder eines Abteilungsleiters beizufügen, daß er mit der Publikation der Arbeit aus dem Institut bzw. der Abteilung einverstanden ist und den Verfasser auf die Aufnahmebedingungen aufmerksam gemacht hat.

Die Mitarbeiter erhalten von ihrer Arbeit zusammen 40 Sonderdrucke unentgeltlich. Weitere 160 Exemplare werden, falls bei Rücksendung der 1. Korrektur bestellt, gegen eine angemessene Entschädigung geliefert. Darüber hinaus gewünschte Exemplare müssen zum Bogennettopreise berechnet werden. **Mit der Lieferung von Dissertationsexemplaren befaßt sich die Verlagsbuchhandlung grundsätzlich nicht;** sie stellt jedoch den Doktoranden den Satz zur Verfügung zwecks Anfertigung der Dissertationsexemplare durch die Druckerei.

Manuskriptsendungen werden erbeten an

Geheimrat Professor Dr. A. Borchard,
Berlin-Charlottenburg, Lietzensee-Ufer 6.

Verlagsbuchhandlung Julius Springer.

---

197. Band.   **Inhaltsverzeichnis.**   3. Heft.
Seite

Zopff, Gustav. Pfortader-Leberkreislauf, Stoffwechsel und Kollaps. (Mit 24 Textabbildungen) 319
Gotô, S. Erfahrungen über die totale Exstirpation des Magens. (Mit 7 Textabbildungen) 385
Kaneko, Seiiti. Experimentelle Thrombosenbildung durch Bakterieninfektion und intravenöse Einspritzung von Bakteriengift. (Mit 5 Textabbildungen) 395
Nagura, Shigeo. Die Pathologie und Pathogenese der sog. Lunatummalacie. (Mit 9 Textabbildungen). 405
Reichl, Erich. Zur Klinik und Therapie der akuten Pankreasnekrose . . . 428
Otto, Karl. Die Motilität des Magens nach der Resektion 448
Westermann, Hans Heinrich. Zum Problem der Bauchdeckeneiterung nach Schnitten in der Linea alba. (Mit 23 Textabbildungen). 477
Löhr, W. Berichtigung zu: Beitrag zur Ätiologie der Peritonitis, insbesondere der appendikulären Peritonitis mit besonderer Berücksichtigung der Serumbehandlung 510

Aufnahmebedingungen siehe III. Umschlagseite

(Aus der Chirurgischen Universitätsklinik Heidelberg [Direktor: Prof. Dr. *Kirschner*]
und dem Physiologischen Institut der Universität München
[Direktor: Prof. Dr. *Broemser*].)

Pfortader-Leberkreislauf, Stoffwechsel und Kollaps.

Von

Dr. med. Gustav Zopff.

Mit 24 Textabbildungen.

(Eingegangen am 4. März 1939.)

Sonderdruck aus
„Archiv für klinische Chirurgie", 197. Band, 3. Heft
Springer-Verlag Berlin Heidelberg GmbH
1939

ISBN 978-3-662-31345-9   ISBN 978-3-662-31550-7 (eBook)
DOI 10.1007/978-3-662-31550-7

Inhaltsverzeichnis.

                                                            Seite

A. Leberkreislauf und Kollaps 319
   I. Schaltungsschema des Gesamtkreislaufs, Bedeutung der Depotorgane 319
  II. Eigentümlichkeiten des Pfortader-Lebersystems, Beziehungen zum Kreislaufkollaps 321

B. Normaler Kreislauf im Pfortader-Lebersystem; Art und Folgen seines Versagens 324
   I. Normale Physiologie des Pfortader-Leberblutstroms 324
     a) Der Pfortaderdruck 324
        Methode 326
        1. Druckkurve in der Pfortader während der Apnoë 326
            α) Laminärer Strömungsmodus 329
            β) Anwendbarkeit des *Poiseuille*schen Gesetzes 330
            γ) Aufsplitterung der Pfortader in der Leber 332
        2. Einfluß des Zwerchfells auf den Ablauf des Pfortaderdrucks 335
            α) Verlauf des Pfortaderdrucks während der Atmung 335
            β) Zerlegung der Atemschwankung des Pfortaderdrucks in ihre einzelnen Faktoren 336
            γ) Rekonstruktion der Atemschwankung des Pfortaderdrucks am Modell 340
        3. Weitere Einflüsse auf den Verlauf des Pfortaderdrucks . . . 341
            α) Intraabdominaler Druck 341
            β) Zustrom aus den Mesenterialwurzeln der Pfortader 342
            γ) Arteria hepatica 343
     b) Die vergleichende Druckmessung in der Pfortader und der Vena cava inferior 344
        1. Einfluß der Druckschwankungen im Brustkorb auf die Zirkulation in der Leber und Vena cava inferior 344
        2. Die „negative Pfortaderdruckkurve" 349
        3. Übertragung des negativen Kurvenverlaufs auf das Modell der Leberzirkulation 350
     c) Der intrahepatische Blutstrom 350
     d) Die nervöse Steuerung des Leberblutstroms 352
     Zusammenfassung des I. Abschnittes 354
  II. Atmungsbedingte Volumenschwankungen des Leberblutstroms . . . 355
     a) Die Voraussetzungen für ein „Atemvolumen der Leber" 355
     b) Der experimentelle Nachweis des Atemvolumens der Leber (Gemeinsam mit *Kottenhoff*) 356
     c) Das periphere Herz des Pfortaderkreislaufs. Der Antagonismus der oberen und unteren Hohlvene 357
     Zusammenfassung des II. Abschnittes 358
 III. Folgen des Kreislaufversagens im Pfortader-Lebersystem 358
     a) Die hämodynamischen Folgen gestörter Pfortader-Leberzirkulation 358
        1. Theorie des Kollapses und Kollapskoëffizienten 358

	Seite
2. Experimenteller Kollaps als Folge gestörter Pfortader-Leberzirkulation	360
α) Kontrastblutmethode bei Pneumoperitoneum	361
β) Zwerchfellausschaltung durch Gipsverband oder doppelseitige Phrenicusexhairese	361
γ) Orthostatischer Kollaps bei Pneumoperitoneum	363
3. Der Ausfall des peripheren Herzens des Pfortader-Lebergebiets als Kollapsursache	365
b) Der protoplasmatische Kollaps als Folge pathologischen Stoffwechsels in der Leber	368
1. Koppelung von Zirkulation und Stoffwechsel	368
α) Potentiale zwischen Blutbahn und Gewebe	369
β) Permeabilitätsverhältnisse	369
2. Magenatonie und Hypochlorämie als mögliche Erscheinungsformen des protoplasmatischen Kollapses	370
α) Klinische Belege	371
β) Natriumchloridspiegel im Blut	373
γ) Kombination von Zirkulations- und Stoffwechselstörung als Entstehungsmodus des protoplasmatischen Kollapses	375
3. Praktische Folgerungen für Therapie und Anästhesie	376
α) Therapie des postoperativen protoplasmatischen Kollapses	376
β) Narkose und andere Formen der Schmerzausschaltung	378
Zusammenfassung des III. Abschnittes	379
C. Schlußbetrachtung	380
Schriftenverzeichnis	382

A. Leberkreislauf und Kollaps.
I. Schaltungsschema des Gesamtkreislaufs, Bedeutung der Depotorgane.

Der große Kreislauf kann vom hämodynamischen Standpunkt aus als ein System parallel geschalteter Einzelkreisläufe betrachtet werden. Als einziger wirklicher Motor zur Aufrechterhaltung der Zirkulation steht das Herz zur Verfügung. Seine Leistung, also das Minutenvolumen, verteilt sich in der Ruhe etwa zu 8% auf die Kranzgefäße, zu 25—30% auf die Nieren, zu 40% auf Gehirn, Muskulatur, Haut und innersekretorische Organe; ein Rest von etwa 20% verbleibt für die Durchströmung des Darm-Pfortader-Lebergebiets. Bei äußerer Arbeit oder bei pathologischem Kreislaufgeschehen sind Änderungen dieser Verteilung und Zunahme der Gesamtleistung um mehrere 100% möglich, doch wird bei erhaltener Regulation durch Drosselung der unbeteiligten Gebiete stets ein Leistungsminimum angestrebt. Hierbei wird die Größe der Leistung keineswegs selbsttätig vom Herzen bestimmt, sie wird dem Herzmuskel durch das venöse Blutangebot vorgeschrieben *(Rein* (c)*)*. Die Venenseite des Kreislaufs hat aufgehört nur eine passive Rolle als Rückstromsystem des Blutes zum Herzen zu spielen, sie reguliert den Blutbedarf des ausgeglichenen Kreislaufs *(Gollwitzer-Meier* (a)*)*, wobei unter Umständen ein systolischer Entleerungsrückstand in den Herzkammern *(Straub)* in Kauf genommen werden muß.

Die Größe des venösen Blutangebots ist ihrerseits wieder abhängig von dem Ausfluß aus den Einzelkreisläufen, deren Durchströmungsgröße von der Strombreite des zugehörigen Capillargebiets und dem Widerstand beeinflußt wird. Hinzutreten eines zusätzlichen Druckgefälles zur Herzarbeit, eines peripheren Herzens *(Kirschner* (b)*)*, vermag die Durchströmungsgröße und -art maßgebend zu ändern, so daß ihr Einfluß auf die Blutförderung nicht übersehen werden darf *(Broemser* (b)*)*. Gerade bei den zu besprechenden experimentellen Untersuchungen über die Strömung im Pfortader-Lebergebiet wird die Würdigung dieses Einflußes einen weiten Raum einnehmen müssen. Als Beispiel sei hier zunächst nur die respiratorische Füllungsschwankung des Herzens

(Weltz (a—c) und *Kottenhoff)* erwähnt, die ihre Erklärung in der Druckdifferenz zwischen Brustkorb und Bauchraum bei der In- und Exspiration findet.

Die Ausflußmenge eines Einzelkreislaufs ist also die Resultante der vis a tergo und des zugehörigen peripheren Herzens. Es geht nicht an, die Existenz dieses Fördermechanismus zu leugnen, seine Aufgabe bedarf vielmehr richtiger Würdigung. Diese besteht ganz allgemein darin, an all den Stellen des Kreislaufs, an denen eine Stase der Zirkulation droht, durch Vermittlung eines zusätzlichen Druckgefälles dem Blut eine zusätzliche Beschleunigung zu erteilen. Als Folge ergibt sich, daß der Angriffspunkt aller peripheren Herzen auf der venösen Seite des Kreislaufs liegt.

Tabelle 1. **Zustandekommen des venösen Blutangebots an das Herz, Einfluß und Angriffspunkte peripherer Herzen.**

Minutenvolumen ········ Pulsfrequenz

Kammerfüllung ········ Systolischer Entleerungsrückstand

Venöses Blutangebot ········ Druckgefälle zum rechten Vorhof

Peripheres Herz

Einzelkreislaufvolumen ········ Akzessorische Einflüsse auf die Blutförderung

Widerstand und Strombreite des Capillargebietes des Einzelkreislaufes

Der Blutstoffwechsel im Gesamtorganismus, der Garant für die Erhaltung normaler Lebensbedingungen im Gewebe, wird durch die im Gefäßsystem zirkulierende Blutmenge, die Umlaufszeit des Blutes und die capillären Austauschflächen sichergestellt. Hierbei bestehen zwischen den Zirkulationsfaktoren eindeutige Beziehungen *(Lauber):* eine gegebene Blutmenge muß bei entsprechender Gefäßweite und bei einem bestimmten Minutenvolumen des Herzens mit einer bestimmten Umlaufsgeschwindigkeit zirkulieren (*Barcroft* (a—c), *Wollheim* (b), *Eppinger* (d) u. a.). Sämtliche Faktoren dieser Gleichung sind in weitem Spielraum veränderlich. Die bekannten Untersuchungen *Barcrofts* und die von *Rein* (d) mit seiner Thermostromuhr ausgeführten Experimente brachten die Lehre von dem Wechselspiel zwischen zirkulierender Blutmenge und Depotblut.

Als echtes Depotorgan wurde von *Barcroft* die Milz erkannt, da in das dort deponierte Blut bei Kohlenoxydatmung dieses Gas niemals eindringt. Das Organ kann beim Hund immerhin 16% der Gesamtblutmenge aufnehmen. Beim Menschen ist das Fassungsvermögen erheblich geringer, beträgt das Milzgewicht doch nur 1‰ des Lebergewichts, so daß die hämodynamische Bedeutung der Milz beim Menschen anderen Organen gegenüber zurücktritt. Die Leber bezeichnen *Grab-Janssen-Rein* (b) als Depotorgan im Nebenschluß, aus dem bei gesteigertem Blutbedarf große Mengen, bis 25%, durch Einengung der Strombahn geschöpft werden können. Im Gegensatz zur Milz ist hier das Depotblut keineswegs von der Zirkulation abgesperrt, vielmehr ist seine Strömungsgeschwindigkeit hochgradig verlangsamt. Das Splanchnicusgebiet als das vornehmliche Zuflußgebiet zur Leber ist in die funktionelle Betrachtung dieses Systems einzubeziehen. So wird das Pfortader-Lebergebiet gerade durch seinen Depotcharakter zu einem einflußreichen Faktor im normalen und pathologischen Kreislaufgeschehen. Daher schien es eine lohnende Aufgabe zu sein, Druckablauf und Blutströmung dieses Systems zu analysieren, um hieraus bisher wenig beachtete Beziehungen zum postoperativen Kreislaufversagen abzuleiten.

Wollheim (a) untersuchte, ob den ausgedehnten subpapillären Plexus der Haut ebenfalls eine Speicherfunktion zugeschrieben werden kann; in Übereinstimmung mit *Rein* kommt er zur Auffassung, daß von „bedingten Blutreservoiren II. Ordnung" gesprochen werden kann. Gerade hier liegen regulatorisch-physiologischer Ablauf und pathologische Kreislaufstörung eng beisammen. Wärmezufuhr — Schweißausbruch — führt als physiologische Regulation durch Vasodilatation zur Füllung dieser Depots und dieselbe Blutfüllung kann beim orthostatischen Kollaps des Menschen als Folge des Versagens gefunden werden. In beiden Fällen sind die Speicher im Splanchnicusgebiet entleert. Dieses Beispiel ist von Interesse, weil es zeigt, daß die Frage des Kreislaufversagens keineswegs mit dem Schlagwort: Verblutung in die Depots abgetan werden kann. Derselbe Vorgang kann im einen Fall physiologisch sein, im anderen zum Zusammenbruch führen.

Ob bei den zentralen Venen von Depotorganen III. Ordnung gesprochen werden kann, ist noch umstritten. Jedenfalls kann es sich stets nur um fakultative Depots im Hauptschluß handeln *(Rein)*, deren Erfassung bei der Bestimmung der zirkulierenden Blutmenge mit den üblichen Methoden unmöglich ist. Immerhin können, wie der *Valsalva*sche Versuch zeigt, beträchtliche Blutmengen in diesen Venen Platz finden, zumindest unter pathologischen Bedingungen. Die im Hauptschluß des Kreislaufs liegenden Lungen, wie die Muskulatur sind Blut verbrauchende Organe, sie haben keine Speicherfunktion *(Rein)*.

II. Eigentümlichkeiten des Pfortader-Lebersystems; Beziehungen zum Kreislaufkollaps.

Mit der Tatsache, daß das Pfortader-Lebergebiet den größten Blutspeicher des Körpers darstellt, zumal ja die Milz ebenfalls in dieses System einbezogen werden muß, ist die Sonderstellung dieser Organe keineswegs erschöpft. Nach *Gollwitzer-Meier* ist bei der Untersuchung der venösen Rückflußbedingungen eine weitere Eigentümlichkeit zu beachten: Die Pfortader liegt zwischen zwei ausgedehnten Capillargebieten, von denen jedem eigenes Fassungsvermögen und eigener Widerstand zukommen, zwei Rieselfeldern vergleichbar, die durch eine Schleuse miteinander in Verbindung stehen. Schließlich ist der Druck vor dem Capillarsystem der Leber, also in der Pfortader auffallend niedrig, weitaus niedriger als der Blutdruck in den zuführenden Gefäßen vor den übrigen Capillargebieten des Körpers, etwa vor der Niere oder auch dem Darm.

Kann trotz dieser, auf den ersten Blick ungünstig erscheinenden Kreislaufbedingungen die Zirkulation aufrecht erhalten werden, so muß der Betrieb mit äußerster Ökonomie unter Ausnützung aller Hilfsmittel von statten gehen. Der Grad dieser Ökonomie wird um so eindrucksvoller, wenn man sich vergegenwärtigt, daß bei niederen Fischen, z. B. bei Bdellostoma eigene Pfortaderherzen in Form von muskulären, sich mit eigenem Rythmus zusammenziehenden Gefäßschläuchen vorhanden sind *(Carlson)*. So war es naheliegend, beim Menschen und den höheren Tieren nach entsprechenden Organen zu suchen. *Henschen* (a) bezeichnet z. B. den elastischen Apparat der *Glisson*schen Kapsel als Leberherz.

Bei der Vielheit der Aufgaben des Pfortader-Lebergebiets — die Depotwirkung ist neben dem Nahrungs-, Wasser- und Mineralstoffwechsel, der Gallenausscheidung, der Brennstoffspeicherung und anderem ja nur eine Funktion — und bei der verwickelten Beschaffenheit der Zirkulation ist es nicht verwunderlich, wenn Störungen des Kreislaufs oft und vorwiegend hier zur Auswirkung kommen und klinische Erscheinungen verursachen. Einwirkungen, die das gesamte Capillargebiet des Körpers treffen, etwa der Kollaps, werden hier zuerst offenbar werden. Der Pfortader-Leberkreislauf kann geradezu als die verwundbare Achillesferse im gesamten Kreislaufsystem bezeichnet werden.

Mit der Einführung der Bestimmung der zirkulierenden Blutmenge in die Klinik durch *Eppinger* und *Schürmeyer* wurde ein neuer Maßstab für die Beurteilung des Kreislaufzustands gewonnen. Trotz der technischen Unzulänglichkeit aller bisherigen Methoden *(Rein* (b)*)* ließ sich an Hand eines großen Materials feststellen, daß alle Formen des Kollapses mit einer Abnahme der zirkulierenden Blutmenge einhergehen *(Eppinger* (b), *Ewig* und *Klotz)*. Gleichzeitig wurde in der Venendruckmessung ein weiterer zuverlässiger Indicator für die Art des Kreislaufversagens gefunden. Absinken des Venendrucks beweist Abnahme des venösen Blutangebots zum Herzen, was ja gleichbedeutend mit Abnahme des Minutenvolumens ist, wie aus der gegenseitigen Abhängigkeit der Faktoren (S. 320) hergeleitet werden kann. Der Begriff Kollaps ist also zu umreißen mit: Abnahme der zirkulierenden Blutmenge unter gleichzeitigem Sinken des Venendrucks, Minderung des venösen Blutangebots zum Herzen, Abnahme des Minutenvolumens und als Folge Leerlauf des Herzens.

Am Beispiel des Verblutungskollapses konnte *Gollwitzer-Meier* (b) im Tierversuch zeigen, daß den Erscheinungen des Kollapses nach eingetretener Schädigung ein Stadium mit vermehrtem Minutenvolumen vorausgehen kann; das venöse Blutangebot zum Herzen kann vermöge der mehrfachen Parallelschaltung des gesamten Kreislaufs trotz des Rückflußausfalls eines Einzelkreislaufs, nämlich des verletzten, normal bleiben, bis die Speicher entleert sind. Der Blutdruck kann erhalten werden, solange Gefäßkontraktion und Gefäßinhalt sich das Gleichgewicht zu halten vermögen. In diesem Zusammenhang erinnert man sich der von *Wieting, Sahlenburg* und *Tannhauser* gegebenen Definition von Shock und Kollaps: Beim Shock ist der Blutdruck normal, gelegentlich sogar leicht erhöht, beim Kollaps ist er abgefallen. Gerade der Chirurg hat oft Gelegenheit nach Verletzungen, nach stumpfer Gewalteinwirkung oder auch als Folge seelischer Erschütterung den Ablauf eines solchen Geschehens zu beobachten. So hält *Kirschner* daran fest, daß dem Kollaps eine eretische Phase vorangehen kann; für diesen Zustand soll die Bezeichnung Shock gewählt werden.

Rehn geht in der Bewertung der zirkulierenden Blutmenge und des Minutenvolumens über die oben mitgeteilte Auffassung hinaus. Die Operation kann mit einer Arbeitsleistung des Organismus verglichen werden. Daher muß der Kreislaufgesunde mit Erhöhung des Minutenvolumens antworten. Verminderung der zirkulierenden Blutmenge ist stets ein Zeichen depressiver Kreislaufstörung. Die gleichzeitige Steigerung der Pulsfrequenz ist in diesem Fall als Kompensation zu werten, Anzeichen der Kreislaufgefährdung liegen vor. Kann bei weiterer Abnahme der zirkulierenden Blutmenge durch die Frequenzzunahme des Herzens ein ausreichendes Minutenvolumen nicht mehr erreicht werden, so ist der Shock eingetreten.

Die Frage nach dem Verbleiben des Blutes bei Abnahme der zirkulierenden Blutmenge wurde früher beinahe ausschließlich mit Füllung des Splanchnicusgebiets als Folge einer Vasomotorenlähmung (*Goltz*scher Klopfversuch) beantwortet *(Rost, Erlenmeyer)*. Die Untersuchungen von *Ewig* beim Verbrennungskollaps haben gezeigt, daß dieser Auffassung keine allgemeine Gültigkeit zukommt. Bei der Verbrennung werden die zentralen Depots leer gefunden. Dasselbe kann für den orthostatischen Kollaps des Menschen zutreffen *(v. Bergmann* (a)*)*. Trotzdem besteht zwischen beiden Zuständen ein grundlegender Unterschied. Im einen Fall, im orthostatischen Kollaps, handelt es sich um eine Verschiebung in den Blutdepots, beispielsweise beim Menschen Füllung fakultativer Depots auf Kosten des Splanchnicusgebiets. — Daß auch der umgekehrte Weg möglich ist: Füllung des Splanchnicus auf Kosten der Peripherie, zeigt der orthostatische Kollaps des Kaninchens. — Im anderen Fall, bei der Verbrennung und gleiches gilt für viele Formen des Wundkollapses, führt Plasmaverlust aus der Blutbahn in das Gewebe zur

Entleerung der Speicher und somit zur Abnahme der zirkulierenden Blutmenge. Der Kollaps tritt klinisch erst dann in Erscheinung, wenn die Reserven in den Depots aufgebraucht sind.

Die Feststellung der Abnahme der zirkulierenden Blutmenge, wie des Abfalls des Venendrucks, also die Feststellung eines Kollapszustands schlechthin läßt somit noch keinen Schluß auf das pathologische Geschehen zu.

Im vorausgegangenen wurde versucht, die Stellung und Bedeutung des Pfortader-Leberkreislaufs im gesamten Kreislaufgeschehen zu skizzieren und die physiologischen Aufgaben der Depotorgane zu umreißen. Mit nahezu zwingender Notwendigkeit war hieran als Ausdruck des Versagens der normalen Regulationen dieses Gebiets die Schilderung des Kollapsproblems anzuschließen. Die vorjährigen Verhandlungen der Deutschen Gesellschaft für Kreislaufforschung, die ausschließlich dem Kollaps gewidmet waren, haben gezeigt, wie vielseitig trotz aller gewonnenen Erkenntnisse die in Angriff zu nehmenden Fragen noch sind.

Ich habe mir die Aufgabe gestellt, die bisher noch fehlenden Untersuchungen über die physiologische Zirkulation im großen Speichergebiet der Pfortader und Leber, unter Beachtung aller Erfordernisse physikalisch ausreichender Registrierung, durchzuführen. Es soll gezeigt werden, auf welche Weise das Depotblut dieser Speicherorgane II. Ordnung einem steten Wechsel unterliegt und welche Wirkung der engen Koppelung von Atmung und Pfortaderströmung zukommt.

Sodann muß versucht werden, die gewonnene Erkenntnis vom „Atemvolumen der Leber" und andere Faktoren auf das pathologische Geschehen zu übertragen. Das klinische Bild postoperativen Kreislaufversagens gestattet oft Einblick in die enge Verquickung des Kreislauf- und Stoffwechselgeschehens. Der hämodynamisch-vasomotorische Kollaps und mehr noch der als protoplasmatischer Kollaps bezeichnete, meist schleichend entstehende Zustand wird in seiner Abhängigkeit vom gestörten Pfortader-Leberkreislauf offenbar. Hier wird ein Gebiet betreten, das trotz seiner zeitlichen Gebundenheit an das postoperative Kreislaufversagen eine ätiologische und therapeutische Ausrichtung und Einordnung bisher nicht erfahren hat.

B. Normaler Kreislauf im Pfortader-Lebersystem; Art und Folgen seines Versagens.
I. Normale Physiologie des Pfortader-Leberblutstroms.
a) Der Pfortaderdruck.

Die Untersuchungen der Kreislaufvorgänge im Pfortadergebiet wurden in gleicher Weise wie diejenigen im arteriellen Gefäßsystem mit einfachen Druckmessungen durch seitenständig eingebundene Wasser- oder Quecksilbermanometer begonnen. Während jedoch für die arterielle

Druckmessung durch die Arbeiten von *Frank* (a), *Broemser* (a) u. a. neue Wege gewiesen wurden und aus den physikalisch ausreichenden Kurven neue Abhängigkeiten und Beziehungen erschlossen werden konnten, wurden gleichartige Untersuchungen für das Venensystem weitaus seltener durchgeführt [*Tigerstedt* (b)], für das Pfortadergebiet fehlen sie vollkommen. Da somit die Gewinnung neuer Gesichtspunkte von der Güte der Methode abhängt, wird an entsprechenden Stellen jeweils eine kurze Angabe der Versuchsanordnung beizufügen sein. Neben dem Tierexperiment werden einige während der Operation mögliche Beobachtungen, sowie Ergebnisse pathologischer und histologischer Untersuchungen herangezogen werden.

Burton-Opitz (a, b) teilt als erster den blutig gemessenen Pfortaderdruck mit, er fand Werte von 7—12 cm H_2O. Wiederholungen der Meßversuche durch *Tigerstedt* (a) u. a. bestätigten diese Angaben. *Eppinger* (a) gibt den Normalwert, unter Bezug auf *Villaret*, mit 5 mm Hg an. Schließlich wird der Druck in zahlreichen Untersuchungen von *Gollwitzer-Meier* mit denselben Daten angeführt.

Der angewandten Methode entsprechend sind aus sämtlichen Kurven dieser Arbeiten nur Mittelwerte zu entnehmen. Anstieg und Abfall dieser Kurven bedeuten Schwankungen der Mittelwerte. Rückschlüsse auf die die Pfortader durchfließende Blutmenge sind nicht möglich, da die vor und hinter dem Gefäß liegenden Widerstände der Darm- und Lebergefäße nicht erfaßt werden. Ebenso wenig ist aus solchen Kurven zu ermitteln, ob während einer Herzrevolution oder einer Atemphase in der Pfortader Druckschwankungen ablaufen, wie sie von den Herz- und Brustkorbnahen Venen bekannt sind. *Rein* konnte aus seinen Stromstärkekurven mit der Thermostromuhr einen Rhythmus in der Bewegung der Leberblutmengen, bisweilen synchron mit der Atmung, herauslesen. Eine zahlenmäßige Erfassung dieser Schwankungen gestattet die Methode nicht, ihre Aufgabe ist die Vermittlung zuverlässiger Mittelwerte am uneröffneten Gefäß.

Schon früher konnte *I. Schmid* (a, b) von der Atmung abhängige Schwankungen des Pfortaderdrucks und der Pfortaderströmung nachweisen. Er bediente sich der *Hürthle*schen Stromuhr und zur Venendruckmessung eines Torsionsfedermanometers. Die Empfindlichkeit des Manometers war derartig, daß für 5 cm Wasserdruckunterschied ein Ausschlag von 1 mm erhalten wurde. Die Güte dieser Apparatur reicht demnach für eine genaue Auswertung ebenfalls nicht aus. Eine Klärung des Zustandekommens der Atemschwankungen war daher aus den Kurven nicht möglich.

Im Verfolg dieser Kritik der Leistungsfähigkeit der druckmessenden Instrumente bestand die erste experimentelle Aufgabe in der Aufzeichnung und Auswertung normaler Pfortaderdruckkurven mit Registrierinstrumenten ausreichender „Güte".

Methode: Als Versuchstiere dienten Hunde von 10—15 kg Gewicht. Herabsetzung der Gerinnungsfähigkeit des Blutes durch intravenöse Hirudingaben war zur Sicherung ungestörter Druckmessung erforderlich, frischer Extrakt aus Blutegelköpfen in physiologischer Kochsalzlösung, 1 Egel pro 1 kg Tier. Die Injektion erfolgte von einer in die eine V. femoralis eingebundenen Kanüle aus. Zur Narkose wurde nach *Rein-Schneider* 2% Morphium, $^1/_4$ ccm pro 1 kg, 10% Pernocton, $^1/_2$ ccm pro 1 kg, verwandt. Die Tiere befanden sich auf diese Weise für 4—6 Stunden in tiefer, gleichmäßiger Narkose. Anzeichen einer Kreislaufschädigung als Folgen der Betäubung wurden nicht beobachtet.

Die Freilegung der Pfortader erfolgte von einem Bauchmittelschnitt mit seitlichen Entlastungsschnitten in die Mm. recti. Der Schnitt wurde beckenwärts nur bis in die Nabelgegend oder wenig darunter geführt, um ein Herausfallen der Därme zu vermeiden.

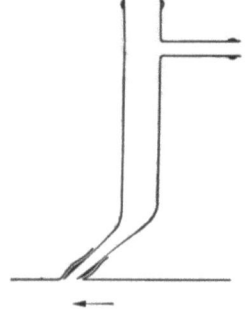

Abb. 1. Venenkanüle. Lage in der Vena pancreatica.

Zur Druckmessung wurde von der isolierten V. pancreatica aus wandständig in die Pfortader eine Kanüle vorgeschoben, deren Ansatzstück der Dicke der Vene angepaßt war. Die Kanüle wurde mit einem elastischen Manometer nach *Frank* verbunden, die Registrierung der Manometerausschläge erfolgte optisch mit der *Broemser*schen Apparatur (beschrieben bei *Lauber*). Die Güte eines Manometers ist nach *Frank* (b) durch die Formel $g = \gamma \cdot N^2$ definiert, wobei N die Schwingungszahl und γ die Empfindlichkeit: 1 cm H_2O = 0,46 cm Ausschlag angeben. Die Flüssigkeitsverschiebung in der Kanüle für 1 cm H_2O Druckunterschied betrug 0,004 mm^3. Diese Feststellung ist deshalb wichtig, weil bei großer Flüssigkeitsverschiebung, zumal bei Druckabfall, abgesehen von der Zunahme der wirksamen Masse ein Zusammenfallen der dünnen Venenwände nicht sicher zu vermeiden wäre. Die Schwingungszahl wurde mit 25 pro Sekunde gemessen. Die Voraussetzungen für eine physikalisch einwandfreie Druckregistrierung waren demnach erfüllt.

Ein seitlicher Ansatz an der Venenkanüle diente zur Verbindung mit einem Wassermanometer sowie einem Vorratsgefäß zur Durchspülung der Apparatur. Das Wassermanometer war jederzeit einschaltbar und gestattete die unmittelbare Ablesung des mittleren Druckes bei Einstellung des Nulldrucks auf Pfortaderhöhe in waagrechter Rückenlage des Versuchstieres. Trennung dieses Systems von der Venenkanüle erfolgte durch eine einfache Schlauchklemme; die Verwendung eines Gummizwischenstücks war gestattet, da die Größe der Druckausschläge weit unterhalb der meßbaren Grenze der Dehnung des Gummischlauches lag.

1. Druckkurve in der Pfortader während der Apnoë. Die Versuche wurden nach Aufsuchen der entsprechenden Gefäße mit der Betrachtung des Pfortadergebiets begonnen. Bei ungestörter Zirkulation und oberflächlicher Atmung waren Pulsationen oder Schwankungen der Pfortaderfüllung nicht wahrzunehmen. Auch durch leichte Palpation der Gefäße ließen sich Druckänderungen nicht feststellen. Dagegen waren Volumenschwankungen in der V. cava inf. in Abhängigkeit von Herzaktion und Atmung meist zu erkennen. Hier ergibt sich also bereits ein wesentlicher Unterschied im Verhalten dieser beiden benachbarten Gefäße.

Abschieben des Peritoneum parietale von der Pfortaderoberfläche über einem beschränkten Bezirk führte zu einer divertikelartigen Ausbuchtung des Gefäßes durch diese Lücke. Entfernung des Peritoneums über der gesamten Gefäßstrecke verursachte eine deutliche Volumenzunahme der Pfortader. Nach Eintritt der Erweiterung wurde ein neuer stationärer Zustand erreicht, eine Stauung in den mit Peritoneum überzogenen Mesenterialwurzeln konnte nicht beobachtet werden. Hieraus ist zu folgern, daß das Peritoneum parietale und die Unterlage des Gefäßes funktionell der Adventitia zuzurechnen sind, sie verringern infolge ihrer geringen Nachgiebigkeit die Dehnbarkeit der Gefäßwand; Entblößung der Pfortader ist also gleichbedeutend mit Schwächung der Gefäßwand. In diesem Fall, also nach Entblößung der Pfortader konnten unter bestimmten Bedingungen bei tiefen Atemzügen des Tieres leichte Volumenschwankungen bemerkt werden. Die Dehnungskurve der Gefäße, auch der Venen, wie aller „elastischen" Materialien verläuft näherungsweise parabelförmig (Ranke). Durch den Wegfall der widerstandsfähigen Umhüllung der Pfortader wird die Dehnungskurve des Gefäßes abgeflacht. Eine gleichgroße Schwankung im Binnendruck des Gefäßes wird jetzt, der größeren Dehnbarkeit entsprechend, mit einer größeren Volumenverschiebung beantwortet. Da um-

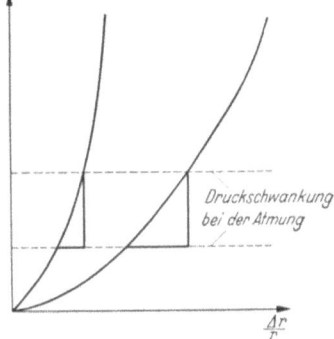

Abb. 2. Dehnungskurve der Pfortader bei verschiedener Wandstärke (schematisch). P Gefäßinnendruck, r Gefäßquerschnitt.

gekehrt jede Volumenschwankung zwangsläufig mit einem Druckausschlag einhergehen muß, so können durch diese Beobachtung bereits Druck-Volumenveränderungen in der Pfortader unter dem Einfluß der Atmung nachgewiesen werden. Auf diese Beobachtung wird später zurückzukommen sein (S. 339, 355f.).

Da der Druckverlauf in der Pfortader zunächst unter Ausschaltung des eben erwähnten Einflußes der Atmung verfolgt werden sollte, wurden die Tiere durch Sauerstoffbeatmung in den Zustand der Apnoë versetzt. Allerdings war es wichtig, diesen Vorgang zeitlich zu begrenzen, da ja durch Abrauchen von Kohlensäure (Akapnie, Dale und Evans) Kollaps entstehen kann, z. B. im Tierexperiment bei falsch gesteuerter künstlicher Atmung. Die Abb. 3 zeigt eine solche Druckkurve bei einer Dauer der Apnoë von 14 Sek. Nullinie, Eichung und Kurve des Atemschreibers sind zur Kontrolle beigefügt. Die gefundene Druckhöhe stimmt mit den oben genannten Werten der früheren Untersucher gut überein. Wichtiger als diese „mittlere" Höhe scheint mir aber für die späteren Folgerungen der gleichmäßige, horizontale Kurvenverlauf zu sein. Der Druck könnte mit einem hochgradig gedämpften Instrument aufgenommen sein, so daß der Mittelwert verzeichnet würde. Dies ist nicht der Fall, die physikalischen Eigenschaften des Manometers sind oben angegeben. (Wegen des Drucks in der Vena cava inferior s. S. 345.)

Wohl sind regelmäßig in $^1/_2$ Sek. Abstand langsam ausklingende, also wenig gedämpfte Ausschläge verzeichnet; ihre größte Amplitude erreicht jedoch nur einen Wert von 0,4 cm Wasser. Diese Ausschläge treten synchron mit dem arteriellen Puls auf, sie sind durch Verlagerung der Aorta abdominalis zu unterdrücken und müssen als mitgeteilte Pulsationen gewertet werden, zumal sie die arterielle Pulsform haben (vgl. den Venenpuls der Cava inferior, der eine andere Form hat). Fehlen sie in den früheren Kurven, so liegt dies an der geringen Empfindlichkeit der angewandten Instrumente.

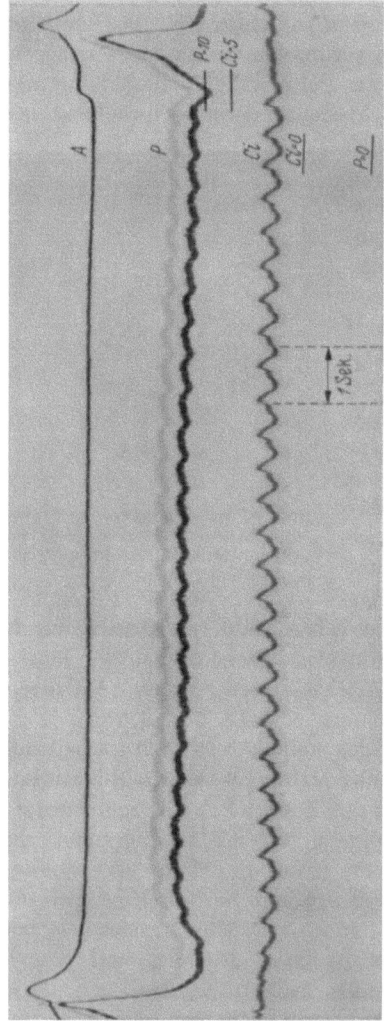

Abb. 3. Der Pfortaderdruck während der Apnoë. Versuch Nr. 9 E 2/l. P Druck in der Pfortader, in der V. pancreatica gemessen. Ci Druck in der V. cava inf., von der rechten Nierenvene aus gemessen. A Atmung. $P=0$ Nullinie des Pfortaderdrucks. $Ci=0$ Nullinie des Drucks in der V. cava inf. $P=10$ 10 cm Wasserdruck über $P=0$. $Ci=5$ 5 cm Wasserdruck über $Ci=0$.

Die Bedeutung örtlich übertragener Pulsationen ist umstritten. *Ozaman* und *Hasebroek* glauben eine Förderung des venösen Blutstroms wenigstens dann nachweisen zu können, wenn Vene und Arterie auf längere Strecken aneinander liegen und von einer gemeinsamen Bindegewebshülle umgeben werden. Für die Pfortader kann ein derartiger Einfluß mit Bestimmtheit abgelehnt werden, da die innige Verbindung beider Gefäße fehlt und die meßbaren Druckausschläge sehr gering sind.

Somit bleibt die Tatsache bestehen, daß bei Apnoë eine praktisch schwankungsfreie, gleichmäßig hohe Druckkurve verzeichnet wird. Das Fehlen einer Druckschwankung ist zugleich der Beweis für eine gleichbleibende Stromgeschwindigkeit und hieraus folgt, daß sich während dieser Zeit in der Pfortader auch keine Volumenschwankungen abspielen können. Es herrscht eine gleichmäßig beschleunigte Strömung mit gleichbleibendem Druckabfall über der gesamten Gefäßstrecke und unverändertem Stromvolumen. Die Pfortader stellt ein Gefäß dar, das infolge einfacher Strömungsverhältnisse unter physiologischen Bedingungen einer Prüfung seiner Strömungsgesetze zugänglich ist.

α) Zunächst ist die Frage nach dem *Charakter der Strömung* zu beantworten: *laminär* oder turbulent? Als Charakteristikum für die turbulente Strömung gilt die Wahrnehmung eines Geräusches. Ein solches ist über der Pfortader, sofern Kompression vermieden wird, nicht zu hören. Herrscht laminäre Strömung, so muß die Strömungsgeschwindigkeit von den Wandpartien des Gefäßes zum Zentralfaden hin in Form eines Paraboloids zunehmen. Der gesamte Querschnitt kann in konzentrische Zylinder gleicher Strömungsgeschwindigkeit zerlegt werden und die Differenz der Geschwindigkeit benachbarter Zylinder wird um so größer, je steiler der Druck über der gesamten Gefäßstrecke abfällt, je höher also der Ausgangsdruck ist. Die Entmischung des Blutes, so daß Erythrocyten in der Nähe des Zentralfadens, Plasma und Leukocyten als spezifisch leichtere Elemente, an der Gefäßwand entlang gefördert werden, ist ebenfalls vom Druckabfall abhängig *(Poiseuille)*. Die Verschiedenheit der Strömungsverhältnisse in verschiedenen Abschnitten des Kreislaufs wird klar, wenn man sich vergegenwärtigt, daß die mittlere Stromgeschwindigkeit in der Aorta 50 cm/Sek., in den Venen 15 cm/Sek. und in der V. mesenterica nur 8,5 cm/Sek. *(Tigerstedt)* beträgt. Gelang *Heß* (b) der Nachweis laminärer Strömung in den Arterien, so ist die Gültigkeit dieses Strömungsmodus für die Venen unzweifelhaft. Für das Pfortadergebiet entstand hieraus die Lehre von der Homolateralität *(Henschen* (b)), z. B. der Lebermetastasen in Abhängigkeit vom Primärherd. Ihre Berechtigung wird neuerdings von *Osama-Wakabayashi* auf Grund experimenteller Untersuchungen angezweifelt. Er beobachtete, wie früher *Sérégé* u. a., die Strömung nach Farbstoffinjektion; die Lokalisation des Farbstoffs in der Leber ließ keinen bindenden Schluß zu. Im proximalen Drittel der Pfortader war Durchmischung des Blutes festzustellen. Der Grad der Durchmischung war von der Atmung abhängig. Die Frage erfuhr in eigenen Versuchen eine Nachprüfung, als mit anderem Endziel Embolien in der Leber durch Lycopodiumaufschwemmungen von Pfortaderwurzeln aus, z. B. der Randvene des Magens, erzeugt wurden. Untersuchung der Leber mehrere Tage nach der Embolie ergab das Bild eines hyperämischen Infarktes, während die übrige Leber vollkommen normal geblieben war. Bei diesen Versuchen war infolge tiefer Narkose die Atmung nur sehr oberflächlich.

Es wäre falsch, mit der Homolateralität rückschließend auch die laminäre Strömung in der Pfortader bestreiten zu wollen. Selbst aus den nach seinen Beobachtungen gezeichneten Skizzen *Osama-Wakabayashis* ist der laminäre Stromcharakter zu erkennen. Tiefe Atmung scheint dagegen der Turbulenz Vorschub zu leisten. Vollkommen parallele Stromzylinder werden nur im seitenastfreien Gefäß erhalten. Beim Zusammenfluß von Gefäßen, umgekehrt bei der Gefäßteilung, muß aus den beiden Paraboloiden der Ursprungsgefäße eine der Weite des neuen Gefäßes entsprechende Stromfigur entstehen. Bei diesem Vorgang bleibt die laminäre Strömungsweise erhalten. Dies kann an Modellen an der Art des Zusammenfließens von Farblösungen nachgewiesen werden. Nur bei gleichzeitiger starker Änderung der Strömungsgeschwindigkeit und bei plötzlichen Druckschwankungen kommt Turbulenz zustande. Nach dem Wegfall dieser Einflüsse stellt sich laminäre Strömung stets wieder her. Übertragung der Verhältnisse auf die Pfortader, zumindest in der Phase der Apnoë ist gestattet. Die oben gestellte Frage ist also dahin zu beantworten, daß die gleitende Strömungsform für den Bereich der Pfortader mit Sicherheit festgestellt ist.

β) Ob hieraus auch die *Anwendbarkeit des Poiseuilleschen Gesetzes* herzuleiten ist, bleibt zu untersuchen. Wird, wie bisher, der Kurvenverlauf des Pfortaderdrucks im Zustand der Apnoë betrachtet, so sind in dieser Zeit annähernd Verhältnisse vorhanden, wie sie im Experiment des physiologischen Kurses zum Ausgangspunkt der Untersuchungen über Abhängigkeit von Druck (P), Widerstand (W) und Stromstärke (i) geschaffen werden. Es herrscht bei gegebenem Druckgefälle eine gleichbleibende Strömung mit gleichbleibendem Dehnungszustand der Gefäße: $i = r^2 \pi \cdot c$; c gibt die mittlere Geschwindigkeit des Blutstroms an und ist von der inneren Reibung des Blutes und der äußeren Reibung an der Gefäßwand abhängig, also von dem Widerstand, den Gefäßsystem und Zähigkeit des Blutes (η) der Strömung entgegensetzen; r entspricht dem Radius unter den angenommenen Voraussetzungen. Die *Poiseuille*sche Formel für den Widerstand lautet: $w = \frac{8 \eta l}{r^4 \pi}$; die Umrechnung für die Ausflußgeschwindigkeit ergibt $c = \frac{r^2 \cdot P}{8 \eta l}$ und schließlich wird die Stromstärke erhalten $i = \frac{r^4 \pi \cdot P}{8 \eta l}$.

Bevor Folgerungen aus diesen Formeln gezogen werden können, müssen die Grenzbereiche ihrer Gültigkeit überprüft werden. Seit den Berechnungen von *Heß* weiß man, daß eine Begrenzung auf Gefäße von weniger als 3 mm Durchmesser falsch ist. Die Anwendung für große Blutgefäße ist gestattet, da durch die Viscosität des Blutes (4,5 mal größer als die des Wassers) die Wirbelbildung gedämpft wird. *Hürthle* hat 4 Voraussetzungen für das Gesetz angegeben. Hiervon kommen hier in Betracht: 1. die Strömungsgeschwindigkeit darf nicht zu groß sein. Bei dem niedrigen Pfortaderdruck wird der von *Hürthle* errechnete kritische Wert bei weitem nicht erreicht (vgl. S. 329: Strömungsgeschwindigkeit). 2. Die treibende Kraft muß konstant sein, Anwendung auf rhythmische Druckschwankungen ist zulässig, solange die Schwankungsbreite zwischen dem 0,166—3,0fachen Wert des Druckminimums liegt. Diese Bedingung ist auch für die später zu besprechenden Druckschwankungen erfüllt. 3. Das Gesetz gilt für gerade, starre, horizontale Röhren. Diese Voraussetzung trifft solange zu, als eine Druckschwankung in der Pfortader nicht beobachtet wird, da sich während dieser Zeit der Elastizitätsmodul des Gefäßes nicht ändert. Für die Erfüllung dieser Bedingungen ist die zusätzliche Wandverstärkung durch Peritoneum und Unterlage von Bedeutung. Schließlich ist reine Flüssigkeit und Benetzung der Rohrwand erforderlich, beides trifft für das gesamte Gefäßsystem zu. Als untere Grenze für die Anwendbarkeit hat *Hürthle* 0,1 mm Durchmesser angegeben. Somit ist das *Poiseuille*sche Gesetz für die Pfortader, ihre Wurzeln und ihre Aufteilung in der Leber gültig, solange die Gefäße keiner Änderung ihres Dehnungszustandes ausgesetzt sind.

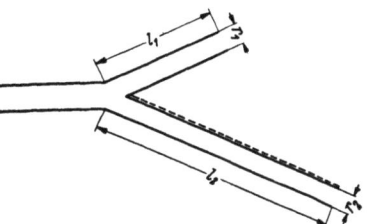

Abb. 4. Abhängigkeit des Widerstands, der Stromstärke und des Gefäßinhalts von der Gefäßlänge und dem Gefäßradius.
(Nach *Poiseuille*.)
w Widerstand, i Stromstärke, v Gefäßinhalt, l Gefäßlänge, r Gefäßradius.

Konstante:
$$\varkappa = \frac{8\eta}{r^4\pi}; \quad \varphi = \frac{8\eta}{\pi}; \quad \lambda = \frac{\pi \cdot P}{8\eta};$$

I.
$$w = \varkappa l \quad (1)$$
$$r_1 = r_2 \quad (2)$$
$$w_1 : w_2 = l_1 : l_2 \quad (3)$$
$$i_1 : i_2 = l_2 : l_1 \quad (4)$$

II.
$$w = \frac{\varphi l}{r^4} \quad (1)$$
$$w_1 = w_2 \quad (2)$$
$$\frac{\varphi l_1}{r_1^4} = \frac{\varphi l_2}{r_2^4} \quad (3)$$
$$r_1 : r_2 = \sqrt[4]{l_1} : \sqrt[4]{l_2} \quad (4)$$
$$i = \frac{\lambda r^4}{l} \quad (5)$$
$$i_1 : i_2 = r_1^4 \cdot l_2 : r_2^4 \cdot l_1 \quad (6)$$

nach II, 3:
$$r_2^4 \cdot l_1 = r_1^4 \cdot l_2 \quad (7)$$
$$i_1 = i_2 \quad (8)$$
$$v = r^2 \pi l \quad (5)$$
$$v_1 : v_2 = l_1 : l_2 \quad (6)$$
$$v_1 : v_2 = l_1 : l_2 \cdot \frac{r_2^2}{r_1^2} \quad (9)$$
$$\frac{r_2^2}{r_1^2} > 1$$

Nach diesem Gesetz sind zwei Beziehungen für die Durchblutung der Leber und den Bluttransport in der Pfortader von grundlegender Wichtigkeit.

1. Zunächst besteht lineare Abhängigkeit des Widerstands von der Länge der Gefäßstrecke. Bei parallel geschalteten Gefäßen, also bei der Aufteilung der Pfortader in der Leber, ist die Stromstärke eines Gefäßes unter der Voraussetzung gleicher Querschnitte um so größer, je kürzer der zurückzulegende Weg ist. Nach der schon angegebenen Beziehung $i = r^2 \pi \cdot c$ muß gleichzeitig mit der Zunahme der Stromstärke, also mit der Abnahme des Widerstands, die Strömungsgeschwindigkeit ansteigen. Hieraus folgt, daß die Durchblutung von Pfortader-Leber in allen Teilen nur dann gleichmäßig sein könnte, wenn alle Strecken zum Capillargebiet und zurück zur V. hepatica gleichlang wären. Geometrisch gesprochen müßte in diesem Fall die Leber einer Halbkugel gleichen und

die Gefäße müßten vom Mittelpunkt der Halbkugelgrundfläche sternförmig, alle in gleicher Länge, als Radien ein- und austreten. Schon die äußere Lebergestalt läßt erkennen, daß diese Voraussetzung auch nicht in Annäherung zutrifft. Wohl liegen V. hepatica und Pfortader am Hilus nahe beisammen. Die Entfernung zu den einzelnen Leberlappen, wie die Länge ihrer Stromgebiete ist jedoch sehr verschieden.

Diese einfache Überlegung bildet eine mathematische Unterlage für die Zuteilung der Leber zu den Depotorganen II. Ordnung: Bei gleichbleibender Gesamtstromstärke werden die parallelen Gefäßstrecken unter der Voraussetzung gleichen Querschnitts proportional ihrer Länge verschieden stark durchströmt, bei weitem Weg tritt, der Widerstandszunahme entsprechend eine Stromverlangsamung ein, eine Voraussetzung für Depotwirkung ist erreicht.

2. Gegen diese Folgerung kann eingewandt werden, daß die Widerstandszunahme über langen Strecken durch eine Querschnittszunahme ausgeglichen werden könnte. Das Stromvolumen ist nach dem *Poiseuille*schen Gesetz ja der 4. Potenz des Radius proportional. Nivellierung des Widerstands führt zwar zu gleicher Stromstärke der Parallelgefäße ohne Rücksicht auf ihre Länge. Durch die Zunahme des Gefäßinhalts als Folge der Querschnittszunahme tritt aber erneut eine Begünstigung der Depotfunktion ein, da die Strömungsgeschwindigkeit ja gleichzeitig verlangsamt wird. (Die weitere Bedeutung der Strombahnbreite wird im nächsten Absatz behandelt werden.)

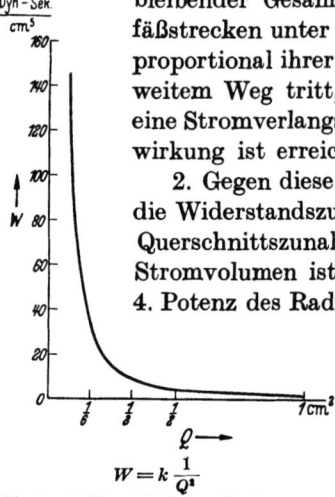

$W = k \dfrac{1}{Q^2}$

Abb. 5. Abhängigkeit des Strömungswiderstandes vom Gefäßquerschnitt.

γ) Die *Aufsplitterung der Pfortader* in die Leberäste muß nach der bisherigen Ableitung mit einer Widerstandzunahme verbunden sein. Ändert sich das Stromvolumen mit der 4. Potenz des Radius, so steigt bei gegebenem Druck, gleichbleibendem Blutangebot und unveränderlicher Gefäßlänge der Widerstand mit der 2. Potenz der Querschnittsabnahme eines Gefäßes. Die 3 Größen: Druck, Blutangebot und Gefäßlänge treten als Faktoren in Erscheinung, die die Lage der Beziehungskurve im Koordinatensystem bestimmen. (Dieser Faktor wurde in der Abbildung gleich 1 gesetzt, da er als Konstante hier nicht von Interesse ist.)

Aus der Kurve ist abzuleiten, daß der Widerstand einer Summe von Einzelgefäßen bei gleichbleibendem Gesamtquerschnitt mit der Zahl der Aufteilungen ansteigt. Entsprechendes Absinken der Stromstärke ist die notwendige Folge.

Der tatsächlich gemessene Pfortaderdruck stellt die Resultante dar aus dem Widerstand in den Lebergefäßen und dem postcapillaren Druck in den Mesenterialwurzeln. Auf die auffallend niederen absoluten Druckwerte wurde bereits hingewiesen. Kann trotzdem die Zirkulation erhalten werden, so ist der Schluß naheliegend, daß der Widerstand in den Leberblutwegen geringer sein muß, als der Widerstand anderer präcapillarer und capillarer Blutwege, zumal Drosselung oder Abklemmung der Pfortader zu sofortigem Druckanstieg führt (vgl. S. 342).

Hess hat die Strömungsverhältnisse bei Aufteilung eines Stammgefäßes mathematisch untersucht. Er konnte für das arterielle System, insbesondere die Aufteilung im arteriellen Mesenterialgebiet ein Optimum zwischen Querschnittszunahme und Widerstandsvermehrung errechnen, das erreicht wird, wenn der Gesamtquerschnitt der Strombahn mit dem Faktor $\sqrt[3]{2}$ zunimmt. Bleibt die Zunahme unter diesem Faktor, so kann das Stromvolumen nur auf Kosten einer Druckerhöhung erhalten werden; wird der Faktor größer, so folgt Abnahme des Widerstands auf Kosten

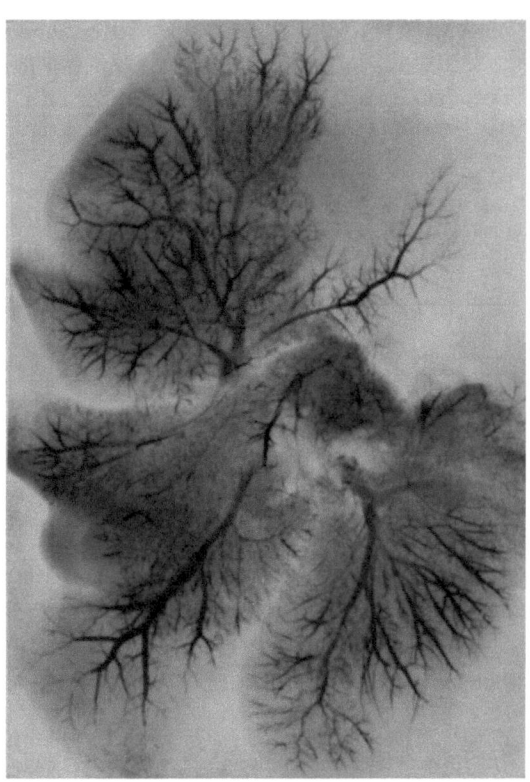

Abb. 6. Die Aufteilung der Pfortader in der Leber. Röntgenbild nach Kontrastfüllung.

größerer Strombreite und in deren Folge geringerer Strömungsgeschwindigkeit: $c = \frac{i}{r^2 \pi}$. Hervorgehoben werden muß, daß nach *Hürthle* eindeutige Beziehungen zwischen Druck und Strömungsgeschwindigkeit für das Gefäßsystem infolge der meßbaren Dehnbarkeit der Gefäße in einfacher Weise nicht abzuleiten sind. Nachdem im vorliegenden Fall jedoch nach dem Kurvenverlauf die Stromstärke und der Druck im Zustand der Apnoë als Konstante in Erscheinung traten, konnten Aufschlüsse über den Widerstand der Lebergefäße aus der Bestimmung ihrer Querschnitte erwartet werden. Der Widerstand parallel geschalteter

Rohre ergibt sich nach *Hess* aus der Formel $\frac{1}{w} = \frac{1}{w_1} + \frac{1}{w_2} + \cdots$. Die Summe der Einzelwiderstände der Teilungsgefäße ist also in Vergleich zu setzen zu dem Widerstand des Ausgangsgefäßes. Da jedoch nach dem *Poiseuille*schen Gesetz die oben festgelegte Beziehung zwischen Widerstand und Gefäßdurchmesser besteht, so kann der Gefäßdurchmesser als Maßstab für den Widerstand dienen.

Versuche. Von der Pfortader aus wurden am lebenden Tier durch Einfüllen von „Umbrator" die Pfortaderverzweigungen dargestellt. Dies war als Abschluß der Pfortaderdruckversuche durch Abklemmen der Pfortader und Einschalten eines Ausflußgefäßes an die Kanüle in der V. pancreatica leicht vorzunehmen. Die Leber wurde nach der Füllung herausgenommen und röntgenologisch untersucht. Die Ausmessung der Röntgenbilder erfolgte unter Vergrößerung durch Projektion. Direkte Messung makroskopisch sichtbarer Gefäßverzweigungen konnte zur Kontrolle in beschränktem Umfang herangezogen werden. Die Ergebnisse der Messungen sind in nebenstehender Tabelle zusammengefaßt. Es kann nachgewiesen werden, daß der Multiplikator der Querschnittszunahme stets größer ist, als nach der mathematischen Analyse von *Hess* (b) für das Minimum von Querschnittszunahme zu Widerstandsvermehrung zu erwarten ist. Der Widerstand steigt also bei Gefäßteilung in der Leber nur wenig, unter Umständen überhaupt nicht; die Verbreiterung der Strombahn geht bei erhaltener Stromstärke mit einer Abnahme der Stromgeschwindigkeit einher.

Tabelle 2. **Ermittlung des Verhältnisses der Summe der Teilungsquerschnitte zum Grundquerschnitt für die Gefäße der Leber, durch Messung auf Abb. 6 gewonnen.**

1 Grund- querschnitt	2 Zahl der Äste	3 Summe der Astquerschnitte	4 Quotient aus 3:1
0,56	5	0,97	1,73
0,48	2	0,52	1,09
0,63	3	1,01	1,60
0,47	4	0,60	1,28
2,54	3	3,95	1,55
1,43	7	2,44	1,7
0,53	4	0,567	1,06
1,85	2	2,087	1,12
0,63	2	0,935	1,48
0,41	6	0,626	1,52
0,63	3	1,00	1,58
0,38	6	0,669	1,76
Durchschnittswert des Quotienten für die 12 Werte			1,47

Somit konnten zwei Besonderheiten des Leberstromgebiets nachgewiesen und begründet werden, die in ihrer Auswirkung der Depotfunktion durch Querschnittszunahme und Verlangsamung der Strömungsgeschwindigkeit zugute kommen. Diese Vorkehrungen ermöglichen die erwähnte Ökonomie im Strömungsbetrieb der Pfortader. Sie bringen bei pathologischer Steigerung ihres Einflusses zugleich die Gefahren des Versagens mit sich: Stase, Stoffwechselstörung, Capillarläsion, Kollaps.

Sie sind somit eine Grundlage dafür, daß gerade das Pfortadersystem die stets drohende Störungsquelle im Kreislaufgeschehen abgibt.

2. Einfluß des Zwerchfells auf den Ablauf des Pfortaderdrucks.

α) Auf den „apnoïschen" Pfortaderdruckverlauf sind die schon zu Beginn des Abschnitts (S. 325, 327) erwähnten *Atemschwankungen* aufgepfropft, deren Analyse nunmehr zu erfolgen hat. Bei ruhiger, normaltiefer Atmung verlaufen sie regelmäßig, gleichförmig und stets synchron mit der Atemtätigkeit, um am Ende dieser wieder in die apnoïsche, horizontale Phase überzugehen. Unterbrechung der Atmung führt zu Unterbrechung des Kurvenverlaufs, so daß an der ursächlichen Gebundenheit nicht zu zweifeln ist. Die Abb. 7 gibt eine mit der oben beschriebenen Apparatur gewonnene Kurve wieder. Gleichzeitig mitregistriert wurde die Volumenschwankung des Brustkorbs, die vielleicht wichtigere Bewegung des Zwerchfells konnte aus technischen Gründen nicht gesondert erfaßt werden. Bei der vergleichenden Kurvenauswertung ist die durch die Anordnung der Instrumente bedingte Paralaxe zu berücksichtigen. (Auswertung der Druckkurve der V. cava inf. vgl. S. 344.)

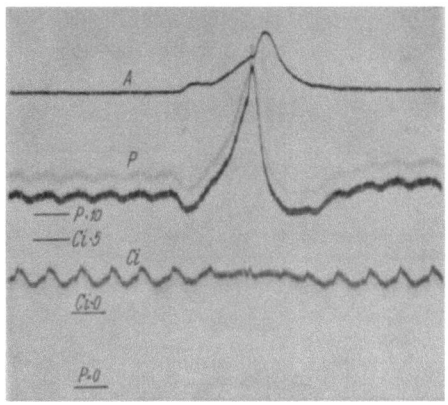

Abb. 7. Der Verlauf des Pfortaderdrucks während einer Atemphase. Versuch Nr 9 E 2/I.
P Pfortaderdruck. *Ci* Druck in der V. cava inf.
A Atmung. $P=0$ Nullinie für den Pfortaderdruck.
$Ci=0$ Nullinie für den Druck in der V. cava inf.
$P=10$ 10 cm Wasserdruck über $P=0$.
$Ci=5$ 5 cm Wasserdruck über $Ci=0$.

Der Kurvenverlauf ist einfach zu beschreiben: Gleichlaufend mit der Inspiration wird nach einer negativen Vorschwankung ein Druckanstieg verzeichnet, der synchron mit der Atmung den Gipfelpunkt erreicht, um sodann in steilem Abfall unter den Ausgangspunkt zu sinken und schließlich mit einer mehr oder weniger starken Nachschwankung den Ausgangswert wieder zu erreichen. Über die tatsächliche Höhe dieser Pfortaderdruckschwankung am normalen Tier oder beim Menschen sind Aussagen nur mit Vorbehalt erlaubt. Hier spielen noch Einflüsse des intraabdominalen Druckes u. a. mit, wie später gezeigt werden wird (S. 341). Immerhin kann festgestellt werden — und dies wird für die spätere Anwendung der Ergebnisse von Wichtigkeit sein —, daß die Größe des Druckausschlags mit der Tiefe der Atmung in unmittelbarer Beziehung steht, so daß es gelingt, die Atemausschläge des Pfortaderdrucks durch Vertiefung der Atmung, beispielsweise durch Kohlensäureatmung zu vergrößern.

Bei der Zergliederung des apnoïschen Pfortaderdrucks (S. 332) konnte gezeigt werden, daß die aufgezeichnete Kurve der Resultante von Zu- und Abfluß entspricht. Horizontaler Kurvenverlauf kommt demnach zustande, wenn sich beide das Gleichgewicht halten. Störung des Gleichgewichts führt zu Druckausschlag. Entsprechend kann die Kurve in zwei einander entgegengesetzte Anteile zerlegt werden, deren einer vermehrtem Abfluß aus der Leber oder verringertem Zufluß aus dem Pfortaderwurzelgebiet, deren anderer vermindertem Abfluß aus der Leber oder gesteigertem Zufluß aus den Wurzeln entspricht. Im ersten Fall muß ein Druckabfall, im anderen ein Druckzuwachs erfolgen. Die verzeichnete Kurve ist wiederum die Resultante dieser beiden Komponenten, erhalten durch geometrische Subtraktion. Überwiegen des einen oder anderen Kurvenanteils bedingt positiven oder negativen Ausschlag des Pfortaderdrucks.

Aus später (S. 341) zu besprechenden Gründen kann Phasenverschiebung beider Kurven oder verschiedene Dauer des zeitlichen Ablaufs der Kurvenschenkel entstehen. Unter Beachtung dieser Umstände kann die geometrische Analyse der Kurven durchgeführt werden (Abb. 8).

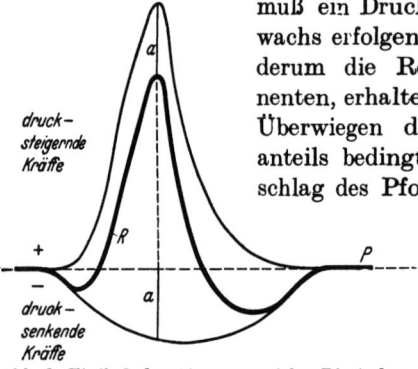

Abb. 8. Einfluß der Atmung auf den Pfortaderdruck. Der Pfortaderdruck als Resultante aus drucksteigernden und -senkenden Kräften. *P* apnoïscher Pfortaderdruck. *R* Resultante des Pfortaderdrucks bei der Atmung. *a* Differenz zwischen +- und —-Kräften.

β) Nachdem auf diese Weise ein Bild des Pfortaderdruckverlaufs während der Atmung entworfen wurde, ist die Frage aufzuwerfen: *welche Faktoren bewirken* im Leben durch ihr Zusammenspiel *diese Druckänderung?* Hieran anschließend soll an einem Modell versucht werden, durch dieselben äußeren Faktoren dieselbe Kurve zu erzeugen.

Der Abfluß aus der Leber ist zunächst vom Querschnitt der ableitenden Gefäße abhängig. Die intrahepatischen Wurzeln der Vv. hepaticae ergießen sich mit kurzen Stämmen in die V. cava inf. Diese tritt mit dem Zwerchfell fest verankert durch ihr Foramen im Centrum tendineum in den Brustkorbraum ein. Nach *Eppinger* (a) liegt die Einmündungsstelle der Lebervenen im Foramen V. cavae selbst, so daß sich die obere Begrenzung der Venenmündungen bereits im Thorax befindet. Das Zwerchfell bildet sowohl in frontaler, wie in sagittaler Richtung eine Kuppel, deren Ansatzstelle rückenwärts tiefer steht als vorne. Da der Scheitelpunkt der Kuppel infolge dieser Eigentümlichkeit brustbeinwärts von der Mitte verschoben ist und andererseits das Foramen der Vene nach rechts und rückwärts liegt, entsteht eine schräge Begrenzung der V. cava inf. durch das Centrum tendineum.

Der Einfluß der Zwerchfelltätigkeit auf das Venenlumen und somit auf den Strömungswiderstand in diesem Gefäß wurde in verschiedener Weise bewertet. *Braus* und *Pfuhl* glaubten einen vermehrten Abfluß zum Herzen bei Zunahme des intraabdominalen Druckes, also bei der Einatmung annehmen zu müssen. *Keith* und *Hasse* (a, b) sprachen schon von einem Leerpressen der Leber. Umgekehrt soll Ausatmung zu Abnahme des Druckgefälles nach dem Thorax führen. *Benninghoff* hält dagegen eine Längsdehnung der V. cava inf. durch die Zwerchfellverschiebung, zumindest bei tiefer Atmung für wahrscheinlich und folgert hieraus eine Widerstandszunahme, mit Abnahme des venösen Blutangebots aus der unteren Hohlvene zum Herzen, bei der Einatmung. Dieser Ansicht ist entgegenzuhalten, daß das Foramen V. cavae inf. durch die Inkongruenz zwischen Scheitelpunkt der Zwerchfellkuppel und Durchtrittstelle gerade so eingebaut ist, daß eine Höhenverschiebung dieser festen Kupplungsstelle, es handelt sich ja um eine Verankerung des „Venenkreuzes", vermieden wird. Dagegen kommt es bei Abflachung der Kuppel durch Horizontalstellung des Zwerchfells zu einer Ausweitung der Durchtrittsstelle des Gefäßes. Die bei der Ausatmung elipsenförmige Begrenzung nimmt bei der Einatmung Kreisform an. Die Querschnittsveränderung läßt sich im Experiment leicht nachweisen.

Zu diesem Zwecke wurde beim Hund in die wenig unterhalb der Leber eröffnete V. cava inf. nach Abklemmen des zuführenden Gefäßteils eine mit einem Katheder verbundene Gummiblase eingeführt und bis zum Foramen vorgeschoben. Bei gegebenem Innendruck in dieser Registriereinrichtung entsprach Druckabfall einer Erweiterung des Gefäßlumens und umgekehrt. Hiergegen ist einzuwenden, daß der Druckabfall auch durch Abfall des Pleuradrucks, also durch den Sog des Brustraums zustande kommen könnte. Um dies auszuschließen wurde dieselbe Aufzeichnung bei künstlicher Atmung vorgenommen, bei der ja der Innendruck im Thorax inspiratorisch ansteigt. Bestände der Einwand zurecht, so müßte jetzt Umkehr des Ausschlags eintreten. Erst durch Anlage eines doppelseitigen geschlossenen Pneumothorax können Druckhöhen im Pleuraraum erreicht werden, die diese Umkehr hervorrufen. Ablassen des Pneumothorax führt sofort den ursprünglichen Zustand wieder herbei. Schließlich wurde das Zwerchfell durch doppelseitigen offenen Pneumothorax ruhiggestellt. Künstliche Atmung blieb jetzt ohne Einfluß auf das Venenlumen.

Sowohl unter physiologischen Verhältnissen wie bei künstlicher Atmung mit einem Überdruck bis 12 cm H_2O führt Inspiration zu Druckabfall im Registriersystem, also zu Querschnittszunahme des Foramens, Expiration zu Querschnittsabnahme.

Nachdem der Widerstand eines Gefäßes mit der 4. Potenz des Radius fällt und steigt, ist für die Durchtrittsstelle der V. cava inf. durch das Zwerchfell und somit vermöge der anatomischen Besonderheiten auch für die Vv. hepaticae Einatmung gleichbedeutend mit erleichtertem Durchfluß, Ausatmung mit Drosselung des Blutstroms. Die Längsdehnung der V. cava inf. im Thorax ist nur bei tiefer Atmung von wirksamem Einfluß. Sie kommt durch zwei Faktoren zum Ausgleich: den eben beschriebenen Mechanismus an der Zwerchfelldurchtrittsstelle und die Zunahme der inneren Spannung im Brustkorb bei der inspiratorischen Erweiterung, also Dehnung der Vene von außen her. Wirksam wird der Mechanismus nur beim Zusammenwirken aller Faktoren. Umschriebene ringförmige Drosselung an einer kurzen Gefäßstrecke allein beeinflußt die Strömung nicht.

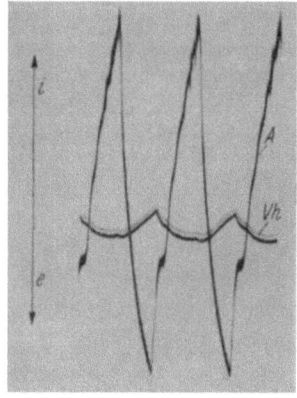

Abb. 9. Änderung des Querschnitts der V. cava inf. an der Zwerchfelldurchtrittsstelle während der Atmung. Versuch Nr. 9 C 1. *Vh* Lumen der Vena hepatica an der Zwerchfelldurchtrittsstelle. Ausschlag nach oben entspricht Druckzunahme im Registriersystem, also Abnahme des Gefäßlumens. *A* Atmung. *i* Inspiration. *e* Exspiration.

Als erstes Ergebnis der Atemwirkung auf den Leberkreislauf kann somit eine Erleichterung des Blutabflusses aus den Lebervenen mit Beginn der Inspiration nachgewiesen werden. Dieser Vorgang bezieht sich zunächst auf das Gebiet der V. hepatica; pflanzt er sich über die Capillaren auf die Pfortader fort (aber nicht etwa als Sogwirkung! S. 348), so muß er als Druckabfall zu erkennen sein. Die beschriebene negative Vorschwankung bestätigt diese Vermutung. Eine Änderung des Blutangebots an die Pfortader aus ihren Wurzeln könnte ebenfalls als Ursache in Betracht kommen, doch diesem Einwand ist zu begegnen, da keine Änderung des Kurvenverlaufs verzeichnet wird, wenn die Speisung der Pfortader nicht aus ihren Wurzeln, sondern nach Abklemmung dieser aus einem seitlichen Zulaufgefäß über die Venenkanüle erfolgt. Die initiale Drucksenkung ist also Folge erleichterten Blutabflusses nach der V. cava inf. mit Beginn der Einatmung.

In entsprechender Weise muß der folgende Druckanstieg in der Pfortader Zeichen einer Stauung sein, so daß der Widerstand in der Leber mit zunehmender Wirkung der Einatmung für den Pfortaderstrom erhöht wird. Die Drosselung kann unter Umständen im Bereich der Leberpforte so hochgradig werden, daß Stillstand der Blutströmung eintritt, vielleicht ist sogar eine rückläufige Blutbewegung möglich, da Klappen in der Pfortader bekanntlich fehlen *(Benninghoff)*. Volumenzunahme des Brustkorbs also Einatmung bedeutet zugleich Volumenverringerung im Bauchraum und demgemäß Zunahme des intraabdominalen Druckes. Die Leber wird bei der Einatmung allseitig einem erhöhten Druck unterworfen. Verkleinerung ihres Volumens kann nur durch Verminderung ihres Blutgehalts erfolgen. Dies wird nach dem Vorausgegangenen in doppelter Weise erreicht: Durch die Zunahme des Blutabflusses nach der V. cava inf. und durch die Sperre der Blutzufuhr aus der Pfortader. Die Leber ist nach einem von *Wenkebach, Eppinger* u. a. gebrauchten Beispiel mit einem Schwamm vergleichbar, der in der Hohlhand gehalten, dem Zwerchfell entsprechend, rhythmisch ausgepreßt wird.

Die Atemtätigkeit der Leber besteht also in einem steten Wechsel des Blutgehalts des Organs. Der Beweis hierfür scheint erbracht zu sein, wenn mit Beginn der Ausatmung der Pfortaderdruck rasch unter die Norm fällt und erst langsam, dem vermehrten Zufluß aus dem bisher gestauten Mesenterialgebiet entsprechend, zu dem apnoïschen Mittelwert zurückkehrt. Ist dieser erreicht, so ist das Gleichgewicht zwischen Widerstand in der Leber und Pfortaderdruck wieder hergestellt.

Zu dieser Leistung des Zwerchfells tritt eine in der Leber enthaltene elastische Kraft hinzu. Die Einheiten der Leber, ihre Läppchen, sind durch das Gitterwerk der elastischen Fasern, die *Glisson*sche Kapsel, verbunden, eben jener Kapsel, der *Henschen* die Bedeutung eines peripheren Herzens zuschreibt. Ihre Eigenfestigkeit wird wahrscheinlich durch die in ihr verlaufenden arteriellen Gefäße erhöht, indem die unter arteriellem Druck stehenden Gefäße einen erhöhten Spannungszustand vermitteln. Die Wirkung der Kapsel zielt auf Verkleinerung der Leber hin. Ihr ist es zuzuschreiben, daß das Volumen einer exstirpierten, „zusammengefallenen" Leber stets kleiner ist als das des durchbluteten Organs. Als notwendige Folge ist der Widerstand im Gefäßsystem nach dem Zusammenfallen erhöht. Der Beweis hierfür ist im Experiment zu erbringen. Wird die Berührungsfläche zwischen Zwerchfell und Leber aufgehoben und die Arterie unterbunden, so ist der apnoïsche Pfortaderdruck stets höher als unter normalen Bedingungen. Die Leber ist in die Zwerchfellkuppel eingepaßt und in ihr gegen ihre eigene elastische Kraft ausgebreitet. Vermöge der Capillarattraktion muß sie den Bewegungen des Zwerchfells folgen. Ihre Ablösung wird durch den elastischen Gegendruck der Eingeweide, also durch den intraabdominalen Druck verhindert (vgl. auch S. 341). Die Kontraktionskraft der Kapsel muß bei Zunahme der Blutfülle der Leber überwunden werden.

Aus der bisherigen Ableitung ergeben sich folgende Faktoren für die Einwirkung der Atmung auf den Pfortaderkreislauf: 1. Begünstigung des Blutabflusses aus der Leber zur V. cava inf. mit der Einatmung, Umkehr bei der Ausatmung; 2. allseitiger Druckzuwachs auf die Leberoberfläche bei der Einatmung, Abfall bei der Ausatmung; 3. Spannungsab- und -zunahme der *Glisson*schen Kapsel; 4. Druckzu- und -abnahme auf die intrahepatischen Blutgefäße mit der Ein- und Ausatmung.

γ) Sind hiermit die für die Atemschwankung des Pfortaderdrucks maßgebenden Momente erfaßt, so muß es möglich sein, an einem *Modell* entsprechende Kurven herzustellen.

Folgende Anordnung ist für diesen Zweck zu wählen: Die Leber wird durch eine mit Zu- und Abfluß — Pfortader, Vv. hepaticae — versehene Gummiblase dargestellt. Diese Blase wird in einen Glaszylinder eingebracht, so daß durch Wasserdruck die Gummiblase unter verschieden hohen Außendruck gesetzt werden kann. Es ist also möglich, durch Heben und Senken eines Druckgefäßes von außen her Volumenschwankungen dieser künstlichen Leber zu erzeugen. Der Wechsel der Abflußbedingungen durch die Vv. hepaticae — also durch das Ausflußrohr —

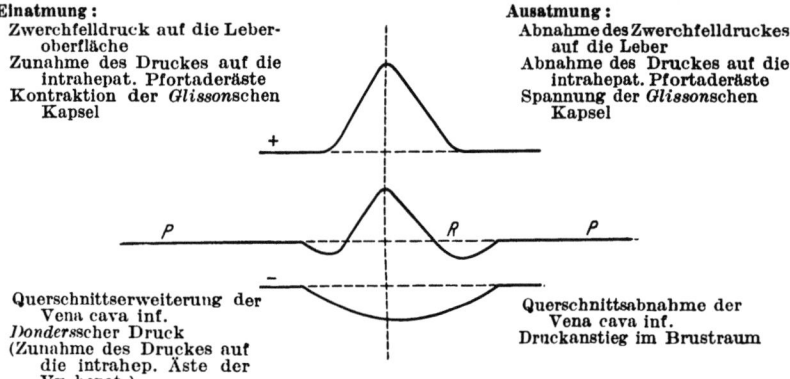

Abb. 10. Zustandekommen der Atemschwankung des Pfortaderdrucks. Modellkurve.
R Resultante aus +- und —-Kurve. P apnoischer Pfortaderdruck.

wird in ähnlicher Weise nachgeahmt, indem ein dünnwandiger Gummischlauch durch ein weiteres Glasrohr geleitet wird. Durch Heben und Senken eines Druckgefäßes kann der Außendruck auf diesen Schlauch und somit Ab- und Zunahme des Schlauchquerschnitts verändert werden. „Pfortaderdruck", „Druck auf die Leberaußenfläche", und „Abfluß aus der Leber" — letzterer ebenfalls als Druck gemessen — werden durch Transmissionsmanometer verzeichnet. Gleichzeitiges Heben des Druckgefäßes für die Leberoberfläche und Senken des Gefäßes für die Vv. hepaticae entspricht dem normalen Atemvorgang. Auf diese Weise können die mit + und — bezeichneten Kurven gewonnen werden. Die Resultante (R) wird mit großer Annäherung als „Pfortaderdruck" im Modell geschrieben. Sie kann durch geometrische Subtraktion der beiden anderen Kurven auf ihre Richtigkeit geprüft werden. Die abgebildeten Kurven sind nach Versuchen konstruiert, da die Originale infolge langer Zeitabszisse zur Wiedergabe nicht geeignet sind.

Nachdem die Analyse der Atemschwankung der Pfortader soweit durchgeführt ist, kann auch die Frage nach der zeitlichen Dauer der beiden Komponenten und nach der Phasenverschiebung (S. 336) beantwortet werden. Die verschiedenen Faktoren setzen bei der Einatmung niemals gleichzeitig ein: die Querschnittserweiterung der V. cava inf., der Druckabfall im Thoraxraum — negative Kurve — eilen der Druckzunahme auf die Leberoberfläche und hiermit auf die intrahepatischen Pfortaderäste und der Kontraktion der Kapsel voraus. Bei der Ausatmung werden die Abnahme des Zwerchfelldrucks auf die Leber, die Spannung der Kapsel früher und rascher wirksam als der Druckanstieg im Brustraum und die Querschnittsabnahme der V. cava inf. Negative Vorschwankung und Hauptschwankung der Pfortaderdruckkurve sind hiermit erschöpfend behandelt, die negative Nachschwankung ist der Ausdruck vermehrten Blutaufnahmevermögens der Leber mit der Ausatmung (vgl. S. 339).

Schließlich muß noch angeführt werden, daß durch die zeitweilige Phasenverschiebung der Brustkorb- und Zwerchfellatmung (z. B. Sängeratmung, *Dittrich*) eine zeitliche Verschiebung der Komponenten gegeneinander eintreten kann, die zu mannigfachen Abänderungen im Verlauf der Resultante führen kann.

3. Weitere Einflüsse auf den Verlauf des Pfortaderdrucks. Mit Absicht wurde auf eine Beachtung der Höhe der Druckschwankungen bei der Atmung verzichtet; und zwar deshalb, weil eine zuverlässige Angabe der tatsächlichen Größe aus den gegebenen experimentellen Verhältnissen heraus unmöglich ist.

α) *Der intraabdominale Druck* kann nicht berücksichtigt werden. Hieraus müßte zunächst hergeleitet werden, daß die Leber bei Eröffnung des Abdomens überhaupt keine Atemschwankungen ausführt. Dies träfe bei Vertikalstellung des Tieres auch tatsächlich zu. Die Untersuchungen von *Henschen* haben jedoch gezeigt, daß der elastische Gegendruck der Därme nur einen Faktor für die Zwerchfellwirkung auf die Leber abgibt. Die Leber wird vornehmlich vom Zwerchfell, nicht von den Därmen getragen. Solange die capilläre Adhäsion bzw. die molekuläre Attraktion erhalten ist, muß das Organ den Zwerchfellbewegungen folgen: Ein Bild von der Größe dieser Kraft wird man durch die Angabe *Faures* erhalten, der zu ihrer Überwindung einen Gegenzug von 35—40 kg bestimmen konnte [gewichtslose Aufhängung der Leber nach *Henschen* (a, b)]. Ferner wird die Leber durch ihr retroperitoneales Verankerungsfeld mit der V. cava inf. in der Zwerchfellkuppel zurückgehalten.

Um im Experiment möglichst günstige Bedingungen zu erhalten, wurde das Fußende des Operationstisches bei Rückenlage des Tieres erhöht, so daß das Eigengewicht der Leber das Gegenspiel der Därme großenteils ersetzte. Die Voraussetzungen des sog. *Duchenne*schen Versuchs: paradoxe Bewegungen des Rippenbogens bei Zwerchfellreizung wurden durch die seitlichen Entlastungsschnitte in die Mm. recti vermieden. Bei synchroner Innervation der Mm. intercostales und des

Zwerchfells war die physiologische inspiratorische Erweiterung auch des unteren Brustkorbabschnitts gesichert. Durch diese Vorsichtsmaßnahme war die Gewähr für die Verzeichnung normaler Verhältnisse gegeben. Eine Prüfung wurde durch federnden Gegendruck mit der Hand gegen die Leberunterfläche ermöglicht. Bei diesem Versuch konnte Erhöhung des inspiratorischen Pfortaderdruckanstiegs über die sonst verzeichnete Höhe beobachtet werden, während der übrige Kurvenverlauf unverändert blieb. Bei ruhiger Atmung, zumal in Rückenlage, werden nach *K. H. Schmidt* zumeist keine Änderungen des intraabdominalen Druckes beobachtet, da keine Spannung der Bauchwandmuskulatur eintritt. Hieraus ergibt sich die Berechtigung, diesen Faktor zunächst außer acht zu lassen. Um so wichtiger kann er bei pathologischen Zuständen werden (S. 362 und 368).

β) Bisher war angenommen worden, daß die Pfortader *aus* ihrem *Wurzelgebiet* stets *gleichmäßigen Zufluß* erhält. Der horizontale Kurvenverlauf in der Apnoë kann mit Recht als Beweis herangezogen werden. In diesem Zusammenhang ist nochmals auf den auffallend niedrigen Druckwert in der Pfortader einzugehen. Diese Tatsache ist nur zu verstehen, wenn man im Pfortaderdruck die Resultante aus dem Druckabfall durch den Stromwiderstand in der Leber und der vis a tergo aus den Mesenterialwurzeln erblickt (S. 332). Man muß sich von der zunächst naheliegenden Vorstellung frei machen, daß die treibende Kraft aus dem Darmgebiet den allein ausschlaggebenden Faktor darstellt. Erhöhung des Strömungswiderstands in der Leber, Drosselung der Pfortader an der Eintrittstelle in die Leber oder parenterale Histaminzufuhr führen zu Druckanstieg; dieser kann beliebig weit, bis nahe an den Druck in den Mesenterialarterien, gesteigert werden. In der Tatsache, daß dieser Anstieg in linearer Kurve erfolgt, ist ein zweiter Beweis für das gleichmäßige Blutangebot aus der Peripherie zur Pfortader zu erblicken. Der Druck in der Pfortader kann nur dann nieder sein, wenn der Widerstand in der Leber gering ist. Die entsprechenden anatomischen Besonderheiten konnten nachgewiesen werden, große Strombreite und geringe Strömungsgeschwindigkeit sind die Folgen. Die Höhe des Pfortaderdrucks wird von der Leber, von dem bei ihrer Durchströmung zu überwindenden Widerstand vorgeschrieben. Hierin liegt die Ökonomie des Pfortader-Leberkreislaufs (S. 322).

Rückschlüsse auf das Stromvolumen sind hieraus nicht möglich, es kann lediglich bei horizontalem Kurvenverlauf Gleichgewicht von Zu- und Abfluß festgestellt werden; während der Atemphase entsteht inspiratorische Pfortaderstauung. Die Abhängigkeit des Minutenvolumens des Herzens vom venösen Blutangebot aus der Peripherie (S. 319) kann in Parallele gesetzt werden zu der Abhängigkeit des Minutenvolumens der Pfortader, also auch der Leber, von dem Angebot aus dem Magen-Darm-Milzgebiet. So ist die Leber hinsichtlich der zu bewältigenden

Durchflußmenge ein passives Organ. Nach der Art der Blutverteilung im Körper ist das Angebot seinerseits wieder bestimmt durch den Widerstand in den Magen-Darm-Milzgefäßen. *Usadel* hat mit der *Hürthle*schen Stromuhr diese Beziehungen untersucht. Ihm gelang der Nachweis, daß lebhafte Peristaltik Zunahme, Stillstand der Darmbewegungen, z. B. bei Peritonitis Abfall der Durchflußmenge, also des Angebots zur Leber herbeiführen. Über den Blutgehalt des gesamten Systems ist hiermit noch nichts ausgesagt, der Füllungsgrad der Depots bleibt unbekannt, allerdings wird die Depotfunktion der Leber durch Rückgang der Durchflußmenge begünstigt.

γ) Die lebenswichtige Bedeutung der *arteriellen Blutversorgung* der Leber, die Gefahr der Nekrose nach der Ligatur ist seit den Untersuchungen von *Narath II* und *Ritter* allgemein bekannt. Das sauerstoffreiche Blut wird einerseits der *Glisson*schen Kapsel zugeleitet, andererseits treten Arterien mit den Gallengängen und Pfortaderästen in das interlobäre Gewebe ein. Nach Passage der Capillaren wird das Blut der Leberarterie, wenigstens zu einem Teil der Pfortader zugeführt und vergrößert also ihr Stromvolumen.

Ob neben der Versorgung mit arteriellem Blut der Art. hepatica eine hämodynamische Wirkung zuzuschreiben ist, war lange zweifelhaft. Der mitunter in wenigen Stunden eintretende Tod nach Ligatur der Arterie und ihrer Anastomosen schien diese Vermutung zu stützen. Die Versuche dieser Arbeit nahmen von derartigen Überlegungen ihren Anfang, in der Annahme, daß diese doppelte Blutversorgung Anteil an der Ökonomie des Leberkreislaufs habe. Daß diese Fragestellung zutrifft, ist schon nach den bisherigen Versuchen unwahrscheinlich. *Jaure* hat auf Grund von Modellversuchen eine Förderung des Pfortaderstroms durch die Arterie angenommen. Er sprach von einer Wirkung nach Art der Wasserstrahlpumpe. Für diese Frage ist das Verhältnis der Blutmenge von Arterie und Pfortader von grundlegender Wichtigkeit. Seit den Stromuhruntersuchungen von *Rein* (c, d) steht fest, daß das Verhältnis beider nur 1 : 8 bis höchstens 1 : 5 beträgt. Der arterielle Anteil ist also wesentlich niederer als zuvor angenommen worden war. Bestände tatsächlich eine fördernde Wirkung des Arteriensystems, so müßte im Experiment Abbindung der Arterien zu einer Erhöhung des Pfortaderdrucks führen, da nach Abschaltung ihrer Wirkung die Durchflußbedingungen in der Leber verschlechtert würden. Bei der beschriebenen Versuchsanordnung führte die Ligatur bei vorsichtiger Schonung der die Art. hepatica umgebenden Nerven niemals zu einem Anstieg des Pfortaderdrucks. Zumeist war kein meßbarer Ausschlag, gelegentlich sogar eine geringe Erniedrigung festzustellen: Im Höchstfall 6—8 mm H_2O = Dreiviertel der negativen Vorschwankung bei der Atmung in demselben Versuch. Hieraus könnte umgekehrt eine Drosselung des Pfortaderblutstroms durch die arterielle Versorgung hergeleitet werden. Diese Meinung wurde von *Gad* auf Grund von Durchströmungsversuchen an der isolierten, leergewaschenen Leber auch vertreten. *Macleod-Pearce* haben die Richtigkeit dieser Vorstellung bezweifelt, zumal eine funktionelle Auswirkung dieses Strömungsmodus nicht ersichtlich ist. Modellmäßige Untersuchungen dieser hämodynamischen Beziehungen ergaben, daß die Beeinflussung des Pfortaderstroms von dem gegenseitigen Verhältnis der Zuflußmenge aus beiden Systemen abhängt. Ist der Zustrom aus der Pfortader im Verhältnis zu dem aus der Arterie gering, so steigt im Modell der Pfortaderdruck in der Tat an, der Zustrom aus der Pfortader wird gedrosselt. Erreichen dagegen die beiden Werte das Verhältnis 1:8 oder darunter, so ist eine Drosselung des Pfortadersystems nicht mehr feststellbar. Hierbei ist zu beachten, daß im Modell kein Capillarsystem eingeschaltet war, während in der Leber die Vereinigung des arteriellen und portalen Blutstroms ja erst nach Passage eines Capillargebiets erfolgt, also nach Druckangleich der beiden Blutströme *(Kastert)*. Die Wirkung als Wasserstrahlpumpe ist durch diese Aufteilung der Arterien in Capillarsysteme auszuschließen. Auf Grund der Tierversuche und der Untersuchungen am Modell ist daran festzuhalten, daß die Aufgabe der arteriellen Blutversorgung der Leber in Aufrechterhaltung des normalen Stoffwechsels besteht, vorzugsweise in Versorgung des Organs mit Sauerstoff und Produkten der inneren Sekretion. Dagegen ist eine hämodynamische Aufgabe nicht nachzuweisen und auch nicht wahrscheinlich *(Heß* (a)*)*.

Hiermit wird die Besprechung der Kräfte abgeschlossen, deren Wirkung auf die Pfortader-Leberströmung vom Bauchraum oder dessen Wänden hergeleitet werden kann. Wegen der engen mechanischen Beziehungen und der funktionellen Einheit des Gesamtvorgangs wird die zusammenfassende Würdigung dieser Einflüsse und der auf die Druckänderung im Thoraxraum zurückzuführenden Momente später gemeinsam erfolgen müssen.

b) Die vergleichende Druckmessung in der Pfortader und der V. cava inf.

1. Einfluß der Druckschwankungen im Brustkorb auf die Zirkulation in der Leber und Vena cava inferior. Die Druckschwankungen im Thoraxraum während der Atmung, meist als *Donders*scher Druck bezeichnet, bleiben nach *Landois-Rosemann*, *Bohnenkamp* (a) u. a. nicht ohne Rückwirkung auf die brustkorbnahen Venen. In eigenen früheren Versuchen (b) konnte die Koppelung des Druckes im Pleuraspalt und der Strömung im Bronchialbaum — in Abhängigkeit von dem Widerstand in der Trachea und in den Bronchen — mit dem Druck in den großen Venen des Brustkorbs und seiner Umgebung bewiesen werden. Aus der beigefügten Kurve (Abb. 11) ist beispielsweise der Druckablauf in der V. jugularis des Kaninchens im Verlauf der Atmung zu ersehen. Der inspiratorische Sog des Brustkorbs führt zu Venendruckabfall als Ausdruck begünstigter Zuflußbedingungen zum rechten Herzen. Es ist festzustellen, ob diese Saugkraft des Brustkorbs bei der Atmung auch für die Abflußgebiete der Leber Gültigkeit hat.

Neben der experimentellen Untersuchung kann die Frage zunächst durch eine klinische Beobachtung beantwortet werden. Ein 12jähriger Junge wurde nach einer stumpfen Bauchverletzung mit den Anzeichen einer inneren Blutung in die Klinik eingeliefert. Die sofortige Laparatomie bestätigte die Vermutung einer Leberverletzung: Das Organ war in der Mittellinie wirbelsäulenwärts breit eingerissen. Der Riß konnte durch beiderseitige Matratzennaht versorgt werden, so daß die zunächst bedrohliche Blutung zum Stillstand kam. Abgesehen von einer Abscedierung in den Bauchdecken erfolgte komplikationslose Heilung der Verletzung. Unmittelbar nach der Operation war, am lautesten über dem rechten Vorhof, ein charakteristisches Mühlengeräusch zu hören. Die Diagnose: Luftembolie war mit Sicherheit zu stellen. Der Eintritt der Luft kann nur während der Operation erfolgt sein, nachdem ja durch die Verletzung selbst eine äußere Wunde oder eine anderweitige Verletzung innerer Organe nicht entstanden war. Das Geräusch war 6 Tage zu hören. Ein Vierteljahr nach der Verletzung war noch eine leichte Veränderung des Elektrokardiogramms als Folge einer Herzmuskelschädigung nachzuweisen.

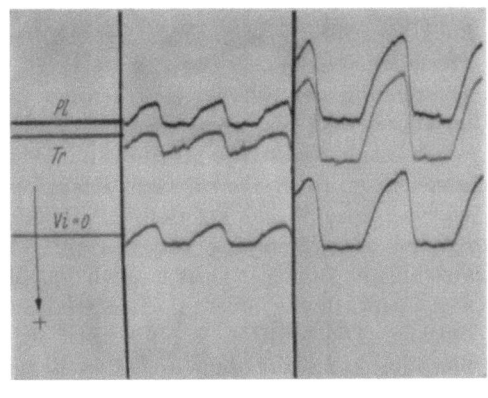

Abb. 11. Einfluß der Atmung auf die brustkorbnahen Venen (Vena jugularis) bei normaler Atmung und bei Erstickung. Versuch Nr. 6 B 3.
Vi Druck in der Vena jugularis. *Pl* Druck im Pleuraspalt. *Tr* Druckschwankung in der Trachea bei seitenständiger Messung. + Druckanstieg, bei diesen Kurven einem Ausschlag nach unten entsprechend.
1 Nullinie. *2* normale Atmung, *3* Erstickung.

Die Entstehung der Embolie wird nach *Hochenegg* durch den anatomischen Einbau der Vv. hepaticae in die Leber begünstigt, sie sind sehr dünnwandig und dem Lebergewebe eng angelegt, so daß sie bei Schnitten durch das Organ klaffen. Der Beweis, daß der *Donders*sche Druck auf das Gebiet der V. hepatica und ihrer Wurzeln in der Leber einwirkt, scheint erbracht zu sein.

Zur experimentellen Sicherung und Auswertung wurden in einer besonderen Versuchsreihe gleichzeitig die Druckschwankungen in der V. port. und der V. cava inf. aufgezeichnet. Die Registrierung der Pfortader erfolgte in der bekannten Weise. Als seitenständige Meßstelle für die V. cava inf. diente die rechtsseitige V. renalis, die durch eine rechtwinklig gebogene Glaskanüle ähnlicher Art wie die oben beschriebene Venenkanüle mit einem zweiten elastischen Manometer verbunden wurde. Um einwandfreie Druckregistrierung zu sichern, wurde die Niere jeweils entfernt.

Nach der oben wiedergegebenen Kurve des Druckverlaufs in der V. jugularis (Abb. 11) wäre zu erwarten, daß unter der Einwirkung des *Donders*schen Druckes eine Sogwirkung im Druckablauf der V. cava inf. verzeichnet wird. Wie aus der Abb. 7 (S. 335), auf der der Druck in der V. cava inf. bereits enthalten ist, hervorgeht, wird diese Druckschwankung vermißt. Das Vorhandensein eines Venenpulses wurde für die Pfortader abgelehnt. Dagegen ist er in der V. cava inf. oft schon bei Betrachtung des Gefäßes zu erkennen (S. 326). Nach *Tigerstedt* ist er im allgemeinen bis in den Bereich der Einmündungsstellen der Nierenvenen nachzuweisen (vgl. Abb. 3). Dem Zustandekommen der Pulsationen — als Reflexion beim Klappenschluß — entsprechend treten sie synchron mit dem arteriellen Puls auf, so daß in der Wiedergabe der Kurven eine Trennung von den mitgeteilten Pulsationen der Aorta abdominalis zunächst nicht möglich ist. Mit Eintritt der respiratorischen Druckschwankung werden die Pulsationen in der V. cava inf. unterbrochen. Diese Tatsache interessiert in zweifacher Weise: Die Unterbrechung kann nur dann zustande kommen, wenn die Pulsationen in ihrem Charakter in überwiegendem Maße venöser Natur sind, mitgeteilte arterielle Pulsationen würden durch die Atemschwankungen wohl in ihrem Verlauf verändert, nicht aber unterdrückt. Zum zweiten ist aus dem Befund abzuleiten, daß der *Donders*sche Druck zwar auf die V. cava inf. einwirkt, daß er aber nicht zu einer negativen Druckschwankung, also zu einer Sogwirkung führt.

Bei der Ausführung über die Zwerchfellwirkung wurde bereits darauf hingewiesen, daß bei der Inspiration verbesserte Abflußbedingungen aus dem Wurzelgebiet der Vv. hepaticae durch Erhöhung des Druckes auf die Leber und durch Zunahme des Gefäßquerschnitts der Vv. hepaticae und der V. cava inf. eintreten. Die Einwirkung des *Donders*schen Druckes liegt in derselben Richtung (vgl. Abb. 10). Das vermehrte Blutangebot aus der Leber findet in dem fehlenden Druckabfall der V. cava inf. seinen Ausdruck: Die vermehrte Blutströmung überdeckt die negative Schwankung in der V. cava inf. Dagegen vermag abnorm starker Unterdruck im Thoraxraum, also frustrane Atembewegung bei Erstickung, eine negative Druckschwankung zu erzeugen. In diesem Falle überwiegt die Saugwirkung des Thorax das vermehrte Blutangebot aus der Leber. Das Zwerchfell kommt unter starke Spannung, Exkursionen vermag es kaum auszuführen; daher fehlt der positive Druckausschlag der Pfortaderkurve zum größten Teil (vgl. hierzu Abb. 12). Andererseits muß nach Beseitigung des *Donders*schen Druckes, also bei offenem Pneumothorax und künstlicher Atmung ein Einfluß der Atmung auf den Druckablauf in der unteren Hohlvene überhaupt fehlen. Aus den Kurven der

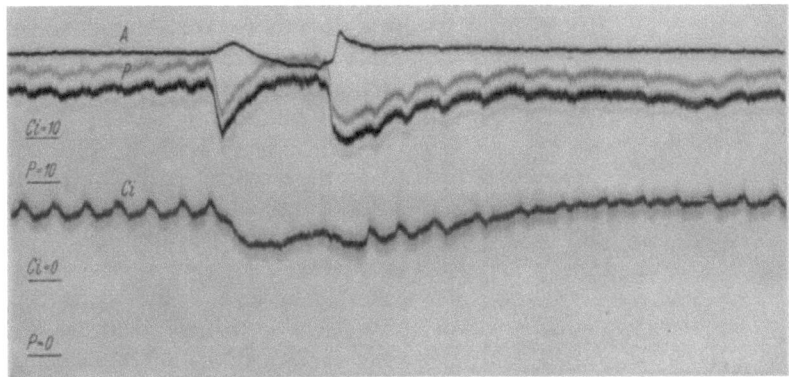

Abb. 12. Rückwirkung des Erstickungsversuchs auf den Druck in der Pfortader und in der unteren Hohlvene. Versuch Nr. 9 E 2/II.
P Druck in der Pfortader. Ci Druck in der V. cava inf. A Atmung. $P=0$ Nullinie des Pfortaderdrucks. $Ci=0$ Nullinie des Drucks in der V. cava inf. $P=10$ 10 cm Wasserdruck über $P=0$. $Ci=10$ 10 cm Wasserdruck über $Ci=0$.

Abb. 13 ergibt sich darüber hinaus erneut die Abhängigkeit der Atemschwankung des Pfortaderdrucks von der Tätigkeit des Zwerchfells.

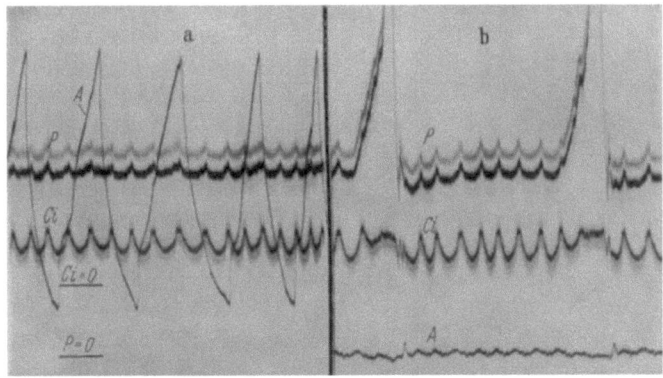

Abb. 13a und b. Verlauf des Drucks in der Pfortader und unteren Hohlveen bei doppelseitig offenem Pneumothorax, a bei künstlicher Atmung am curarisierten Tier, b bei erhaltener Zwerchfellfunktion. Versuch Nr. 9 E 2/VII.
P Druck in der Pfortader. Ci Druck in der V. cava inf. A Atmung, seitenständig in der Trachea gemessen. $P=0$ Nullinie des Pfortaderdrucks. $Ci=0$ Nullinie des Drucks in der V. cava inf.

Bei ruhiggestelltem Zwerchfell am curarisierten Tier stehen die geringen Druckschwankungen in der Pfortader und der V. cava inf. in keiner Beziehung zu der Atmung (Abb. 13a); im Gegensatz hierzu werden bei erhaltener Zwerchfellwirkung sofort nach Herstellung des beidseits offenen Pneumothorax große Ausschläge der Pfortaderdruckkurve verzeichnet, als Ausdruck der tiefen frustranen Atembewegungen (Abb. 13b).

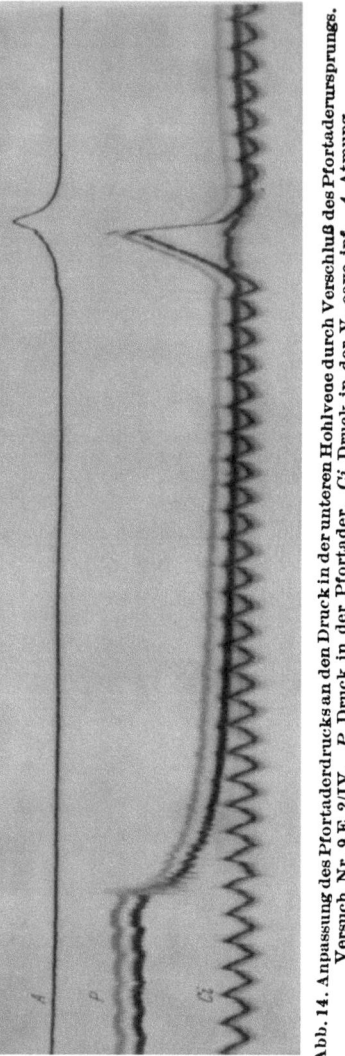

Abb. 14. Anpassung des Pfortaderdrucks an den Druck in der unteren Hohlvene durch Verschluß des Pfortaderursprungs. Versuch Nr. 9 E 2/IV. *P* Druck in der Pfortader. *Ci* Druck in der V. cava inf. *A* Atmung.

An dieser Stelle ist nochmals auf die negative Vorschwankung des Pfortaderdrucks im Beginn der Einatmung zurückzukommen (S. 335f). Dieser initiale Druckabfall könnte zu der irrigen Annahme verleiten, die Sogwirkung des Brustkorbs könnte im Verein mit den sonstigen negativen Faktoren über das Capillarsystem der Leber hinweg in die Pfortader übertragen werden (S. 338). Die Überlegung ist gleichbedeutend mit der Frage, ob Luftembolie auch über eröffnete Pfortaderäste möglich ist. Es müßte also zu einer Sogwirkung von der Leber aus in den Pfortaderstamm kommen. Die Unmöglichkeit eines solchen Vorgangs ist leicht zu beweisen: Der Pfortaderdruck bleibt stets, auch während seiner negativen Phase, höher als der Druck in der V. cava inf. Das normale Druckgefälle bleibt in seiner Richtung bestehen, nur seine Höhe wird geändert. Die treibende Kraft des Blutstroms in der Pfortader bleibt stets die vis a tergo, also das Herz; lediglich der zu überwindende Widerstand wird verkleinert. Selbst wenn der Pfortaderdruck durch zeitweiliges Abklemmen der Pfortader mesenterial-wurzelwärts vom Manometer an den Druck der Vv. hepaticae angeglichen wird *(Tigerstedt)*, kann eine Übertragung der Sogwirkung des Brustkorbs auf die Pfortader, also negativer Manometerausschlag, nicht beobachtet werden. Die negativen Anteile der Atemschwankung treten überhaupt nicht in Erscheinung. (Eine negative Schwankung der V. cava inf. bleibt ebenfalls aus, da ja das Blutangebot aus den Leberwurzeln der Vv. hepaticae erhalten bleibt und zu einem Teil über die Arterie ergänzt wird. In der Expiration erfolgt zum Teil retrograde Füllung der intrahepatischen Wurzeln der Vv. hepaticae im Sinne der retrograden Leberzirkulation *[Klemensiewicz].*)

2. **Die „negative Pfortaderdruckkurve".** Die Richtigkeit der Entwicklung gegenseitiger Abhängigkeit thorakaler und abdominaler Faktoren auf die Zirkulation im Pfortader-Lebersystem muß zu beweisen sein, wenn es gelingt die Zwerchfellwirkung auf die Leber auszuschalten, so daß nur noch die negativen Kräfte während der Atmung zur Auswirkung gelangen: Der *Donders*sche Druck und die Querschnittserweiterung der Vv. hepaticae und der V. cava inf. Diese Bedingungen sind dadurch zu schaffen, daß der Kontakt von Leber und Zwerchfell aufgehoben wird. Bei dem in Rückenlage befindlichen Tier wird das Kopfende erhöht. Die Leber wird aus der Zwerchfellkuppel herausgehoben, sie sinkt nach vorne unter dem Rippenbogen hervor und fällt durch den Zug der *Glisson*schen Kapsel zusammen (S. 339 und 341). Das vermehrte Blutangebot aus dem Wurzelgebiet der Lebervenen in die V. cava inf. bei der Inspiration bleibt aus. Bei Aufzeichnung solcher Kurven muß gleichzeitig mit einer negativen Schwankung im Pfortaderdruck eine negative Schwankung in der V. cava inf. erhalten werden. Hier ist der Abfall des Pfortaderdrucks nur Zeichen eines vermehrten Druckgefälles zwischen Brustkorb und Abdomen. Ausgleich der negativen Druckschwankung, oder gar Pfortaderstauung sind unmöglich, da ein vermehrtes Blutangebot aus der Leber infolge Fehlens der Zwerchfellwirkung nicht erreicht wird. Das Blut aus dem Mesenterialgebiet wird auf dem Weg der „kurzen Bahnen" durch die Leber sofort der unteren Hohlvene zugeführt. Die Depotgebiete sind ausgeschaltet, ihr Blut kann nicht mobilisiert werden. Erhöhter Gesamtwiderstand der Leber (S. 339) — daher erhöhter apnoïscher Pfortaderdruck — bringt Abfall des Stromvolumens und pathologische Füllung der Depotgebiete, so daß ein Circulus vitiosus entsteht.

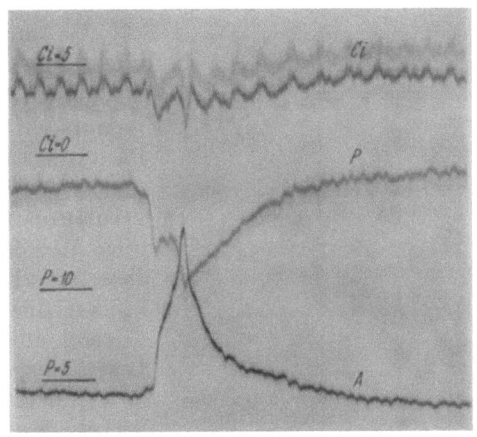

Abb. 15. Die „negative Pfortaderdruckkurve".
Versuch Nr. 9 E 3/II.
P Druck in der Pfortader. Ci Druck in der V. cava inf. A Atmung. $P=5$ 5 cm Wasserdruck in der Pfortader. $P=10$ 10 cm Wasserdruck in der Pfortader. $Ci=0$ Nullinie der V. cava inf. $Ci=5$ 5 cm Wasser über $Ci=0$.

Schließlich ist die Zuverlässigkeit dieser Annahme durch Anlage eines doppelseitigen geschlossenen Pneumothorax zu prüfen. Wird derart der

Druck im Brustfellraum erhöht, der *Donders*sche (Unter-) Druck also aufgehoben, so schlägt die negative Phase im Druckverlauf der V. cava inf. und der Pfortader nach der positiven Seite um, es kommt zur Stauung im Venengebiet während der Atmung: paradoxe Atemschwankung bei gleichzeitig paradoxer Zwerchfellbewegung. Zu demselben Ergebnis führt die Erzeugung eines doppelseitig offenen Pneumothorax, da auch hier der relative Unterdruck im Brustkorb aufgehoben ist. Gleichartige experimentelle Tatsachen teilten schon früher *Schmid* und *Tigerstedt* mit, ohne allerdings auf die inneren Beziehungen dieser Faktorenkette einzugehen.

3. Übertragung des negativen Kurvenverlaufs auf das Modell der Leberzirkulation.

Die eben mitgeteilten Rückwirkungen der Atemschwankung auf die Pfortader-Leberzirkulation müssen auf das oben beschriebene Modell übertragbar sein, sofern auf diese Art alle Komponenten erfaßt werden können. In der Tat lassen sich bei fehlender „Zwerchfellwirkung" auf die Leber durch Erweiterung des Querschnitts der Abflußkanäle negative Kurven erzeugen: Durch Senken des Außendrucks auf das Ausflußventil des Modells. Der Erfolg des *Donders*schen Druckes ist ja gleichbedeutend mit begünstigtem Abfluß aus der Leber in die V. cava inf. brustkorbwärts. Die aus dem Tierversuch gewonnenen Daten sind also auch in diesem Fall durch Analyse am Modell zu unterbauen.

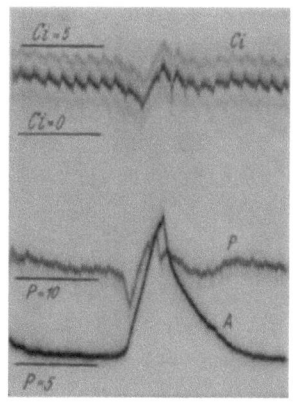

Abb. 16. Druckkurve in der Pfortader und V. cava inf. bei paradoxen Zwerchfellbewegungen nach doppelseitigem Pneumothorax. Versuch Nr. 9 E 3/VIII. *P* Druck in der Pfortader. *Ci* Druck in der V. cava inf. *A* Atmung. $P=5$ 5 cm Wasserdruck in der Pfortader. $P=10$ 10 cm Wasserdruck in der Pfortader. $Ci=0$ Nullinie der V. cava inf. $Ci=5$ 5 cm Wasser über $Ci=0$.

Die Zerlegung der Atemschwankung des Pfortaderdrucks, die aus der Definition dieses Druckes als Resultante von Zu- und Abfluß hergeleitet wurde, ist hiermit durchgeführt; es gelang sämtliche Faktoren nach ihrer Entstehung und Auswirkung zu erfassen und zu dem experimentell gewonnenen Druckverlauf zusammenzufügen.

c) Der intrahepatische Blutstrom.

Nach der Besprechung der von außen auf die Leber einwirkenden Kräfte ist nochmals auf die Blutströmung innerhalb der Leber zurückzukommen (vgl. S. 331f.). Seit den Untersuchungen *Reins* (c) ist bekannt, daß beispielsweise durch Nervenreizung beträchtliche Blutmengen — der Blutgehalt der Leber beträgt nach *Gerlach* und *Schütz* im Mittel 525 g — unter Volumenabnahme des Organs aus der Leber in die Zirkulation geworfen werden können, so daß tatsächlich mehr

Blut aus der Leber abfließt als ihr in der Zeiteinheit zufließt. *Usadel* hat gegen den *Wenkebach*schen Vergleich mit dem Leerpressen eines Schwammes die Festigkeit des Organs beim Anfassen hervorgehoben, man könne z. B. bei einer Operation den vorgezogenen Leberrand nicht merklich ausdrücken. Diese Beobachtung fand ihre Erklärung durch *Henschens* Ausführungen über die Plastizität und Härte der Leber. Der wechselnde Blutgehalt des Organs ist heute nicht mehr in Zweifel zu ziehen. Die Bezeichnung der Leber als Depotorgan II. Ordnung (S. 321) ist die kreislaufdynamische Definition dieses Vorgangs.

Bei der Untersuchung der apnoïschen Strömung in der Leber (S. 334) konnten zwei Eigenschaften des Pfortadersystems gefunden werden, die der Depotfunktion Vorschub leisten: Verschiedene Länge des Blutwegs von der Pfortader zu den Lebervenen und hochgradige Querschnittszunahme mit der Gefäßaufteilung führen in ihrer Kombination zu verlangsamter Strömungsgeschwindigkeit mit gleichzeitiger Strombreitenzunahme. Hieraus könnte zunächst eine unterschiedliche Blutversorgung der einzelnen Leberzellen hergeleitet werden. Diese Vermutung wurde von *Pfuhl* widerlegt, der feststellen konnte, daß sämtliche Läppchencapillaren der Leber gleiche Länge

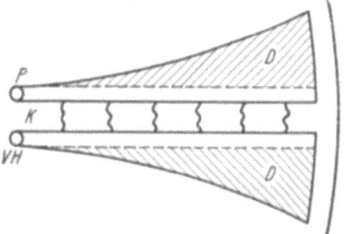

Abb. 17. Die Leber als Depotorgan II. Ordnung. Nivellierung der Capillardurchblutung.
P Pfortaderast. *VH* Ast der Vv. hepaticae. *K* Capillarbereich, gleiche Länge aller Capillaren. *D* Depotblut in den Ästen der Pfortader und Vv. hepaticae.

aufweisen. Nachdem diese Strecken die Austauschflächen von Blutbahn und Parenchym darstellen — und zwar mit „endokrinem Bau", indem 100% Gefäßwand an 100% Zellaußenfläche grenzen *(Petersen)* — ist die Gleichmäßigkeit des Stoffwechsels trotz der Depotfunktion gesichert, da das Druckgefälle für sämtliche Capillaren nivelliert ist und der präcapillare Pfortaderdruck durch die Art der Gefäßteilung während des ganzen Gefäßverlaufs annähernd gleich bleibt oder nur wenig abfällt. Die eigentlichen Depotorgane sind also die Äste der Pfortader bis zu den Capillaren und die postcapillaren intrahepatischen Sammeläste der Lebervenen. Dies gilt natürlich nur so lange, als die Weite aller Capillaren — und somit auch ihr Widerstand — gleich groß ist (vgl. S. 352f.).

Abgesehen von der Länge erfolgt die Nivellierung der Pfortader-Lebervenencapillaren durch ihren Querschnitt. Da dieser vermöge der nervösen Versorgung der Capillaren *(Henschen)* veränderlich ist, kann ungleiche Weite in verschiedenen Gebieten zu „funktionellen Anastomosen" führen. Vergleiche auch Abb. 4, indem das physiologische, für alle Capillaren gleichgroße Druckgefälle zugunsten der einen und zuungunsten anderer aufgehoben ist. Eigentliche Anastomosen, also direkte breite Verbindungen von Pfortader zu Hohlvene innerhalb der Leber sind nach *Clara* bisher ebensowenig nachgewiesen wie Anastomosen zwischen Art. hepatica und V. cava inf. Auch *Havlicek* (a, b), der das Vorhandensein von Anastomosen universell fordert, gibt für die Leber selbst keine Auskunft. Dagegen mißt er den extrahepatischen Anastomosen zwischen Pfortader und unterer Hohlvene größte Bedeutung bei. Eine grundsätzliche Trennung dieser von den Kollateralen, die bei chronischer Pfortaderstauung als Oesophagusvaricen, Hämorrhoiden oder Caput Medusae bekannt sind, scheint nicht angängig. Ein Sicherheitsventil bei plötzlicher Pfortaderstauung kann in den Anastomosen nicht erblickt werden, da sonst die Steigerung des Pfortaderdrucks im Experiment bei Abklemmung an der Leberpforte und erst recht bei Histamininjektion ausbleiben müßte: Der hämodynamische Ausgleich hätte durch die Anastomosen zu erfolgen.

Es ist also daran festzuhalten, daß die Höhe des Pfortaderdrucks als ein Maßstab für die Größe des Leberwiderstands gewertet werden kann. Widerstandszunahme hat notwendigerweise die Einengung der Strombahn an einer bestimmten Stelle der Leberpassage zur Voraussetzung. So konnte oben, S. 339, gezeigt werden, daß Lösung der Kontinuität der Leber vom Zwerchfell durch Hochstellen des Kopfendes und Hervorziehen des Organs unter Zusammensinken der Leber zu Druckanstieg in der Pfortader führt. Ein Anhalt für die Größe der Widerstandsänderung kann bei Durchströmen der Leber aus einem Vorratsgefäß unter bekanntem Druck und nach vorherigem Abschluß der Pfortaderwurzeln gewonnen werden. Das Verhältnis des Durchströmungsvolumens bei gleichem Ausgangsdruck betrug 1 : 1,3—1,4 für physiologische Verhältnisse und diejenigen nach Ausschaltung der Zwerchfellwirkung und Entspannung der *Glisson*schen Kapsel. Die Widerstandserhöhung kann schließlich einen solchen Grad erreichen, daß bei zusammengefallener Leber die negative Atemschwankung im Pfortaderdruck bei großem Stromvolumen aus dem Druckgefäß kaum mehr erkennbar ist.

Die Strömungsverhältnisse in der Leber sind während der Apnoë bei einer bestimmten Höhe des Pfortaderdrucks gleichmäßig und gleichbleibend. Durch die äußeren mechanischen Einflüsse bei der Atmung werden sie vorübergehend im Sinne vermehrten Blutabflusses aus der Leber und gleichzeitiger Stauung in der Pfortader verändert. Während der Ausatmung wird der Gleichgewichtszustand wieder hergestellt. Bei abnorm beschleunigter Atmung kann die horizontale Kurvenstrecke fehlen, da dann die Dauer der apnoïschen Phase für den Ausgleich nicht ausreicht.

d) Die nervöse Steuerung des Leberblutstroms.

Die Verkleinerung der Leber unter Ausschüttung von Depotblut als Folge einer Reizung des Plexus coeliacus, z. B. durch den elektrischen Strom, wurde bereits erwähnt (S. 350). *Tigerstedt* konnte gleichzeitigen

Abfall des Pfortaderdrucks beobachten, so daß zu der Depotentleerung verminderter Blutzufluß zur Leber hinzukommt. Eine strenge Trennung der Nervenversorgung der Leber nach sympathischem und parasympathischem System ist nicht angängig, da ein Teil der parasympathischen Fasern über das Ganglion coeliacum verläuft. Dieses „periphere Leberhirn" ist seinerseits wieder bulbospinalen Zentren unterstellt. Auf diese Tatsache ist bei der Betrachtung des Vasomotorenkollapses größtes Gewicht zu legen, da Ausschaltung der medullären Zentren zu Blutdruckabfall führt *(Eppinger* und *Schürmeyer)* und auf dem Boden der hepatischen Gefäßerweiterung die vasoparalytische Leberschwellung zustande kommen kann.

Durch Ausschaltung der übergeordneten Zentren ist das Vasomotorenspiel der Leber jedoch niemals endgültig aufgehoben. Es kehrt nach einiger Zeit wieder und auch an der isolierten Leber können Gefäßregulationen beobachtet werden. Die Wände der Arterien, Arteriolen, Capillaren und Lebervenen, vielleicht auch der Pfortader und der Lymphwege enthalten als Vertreter eines metasympathischen Systems peripher autonome Vasomotoren *(Henschen* (a)*)*. Der Funktion dieses Systems ist die von *Pick* und *Mautner* (a, b) beschriebene Lebervenensperre zuzurechnen. Nach ihren Versuchen kann unter gegebenen Umständen ein vollkommener Verschluß der Lebervenen eintreten, die anatomischen Unterlagen wurden von *Popper* erbracht. *Elias* und *Feller* haben den Nachweis auch für die menschliche Leber geführt; (im Gegensatz zu ihnen wird von *Ganter* und *Schretzenmeyer* die Sperre nur für die Hundeleber anerkannt). *Eppinger* hält an der Bedeutung des Mechanismus besonders beim Histaminshock fest, zumal die Kontraktion der Lebervenen als Folge der Histaminwirkung erneut von *Baer* und *Rössler* nachgewiesen werden konnte.

Die periphere Auslösung der Regulation konnte in eigenen Versuchen sichergestellt werden. Im Gegensatz zum Peptonshock kann der Histaminkollaps an demselben Tier bei derselben Dosierung mehrfach mit derselben Wirkung wiederholt werden *(Eppinger)*. Wird dagegen zwischen der 1. und 2. Histamininjektion die Art. hepatica unterbunden, so tritt die Wirkung, gemessen am Pfortaderdruck, nur sehr abgeschwächt und verspätet ein. Das Konzentrationsangebot des Giftes an die bulbären Zentren bleibt unverändert, dagegen tritt die Wirkung an den peripheren intrahepatischen Vasomotoren im 2. Fall nicht mehr geballt und erst verzögert ein.

Der Gesamtblutgehalt der Leber, also auch die Gesamtstrombreite des Pfortader-Leberkreislaufs und demgemäß die mittlere Höhe des Pfortaderdrucks werden durch die nervöse Regulation bestimmt. Sie besteht aus einer Kette hintereinander geschalteter Zentren, derart, daß jedes Glied der Kette selbsttätig eingreifen kann. Aus dem Effekt allein ist noch kein Schluß über den Ort der Reizentstehung möglich.

Das Eingreifen einer nervösen Steuerung in den Verlauf (nicht die Höhe!) des normalen apnoischen Pfortaderdrucks und die Atemschwankung ist nicht nachzuweisen. Dieses ist sogar unwahrscheinlich, da die einzelnen Faktoren der Atemschwankung durch mechanische Momente vollständig erfaßt werden können.

Zusammenfassung des I. Abschnitts.

Mit dem Hinweis auf die zentrale regulatorische Stellung des Pfortader-Leberkreislaufs und der Kenntnis der Depotfunktion dieses Gebietes verbindet sich notwendigerweise die Frage nach der Ökonomie dieser Strombahn. Die Einführung physikalisch vollwertiger Registrierung ermöglicht die Verzeichnung auswertbarer Kurven.

Die Durchblutung der Leber im Zustand der Apnoë erfolgt nach dem *Poiseuille*schen Gesetz. Laminäre Strömung ist die Voraussetzung hierzu. Die proportionale Abhängigkeit des Widerstandes der Lebergefäße von der Länge der Strombahn und die Steigerung der Stromstärke in einem Gefäß mit der 4. Potenz des Radius sind zwei Faktoren, die durch Verlangsamung der Strömungsgeschwindigkeit und Querschnittszunahme die Funktion des Organs als Depot II. Ordnung gewährleisten. Durch die Art der Aufteilung der Pfortader in der Leber — mit einem Faktor, der größer ist als $\sqrt[3]{2}$, im Mittelwert beträgt er um 1,5 — wird die Ökonomie erhalten. Ihr Grad wird veranschaulicht durch die Feststellung *Schmid*s, daß rund $9/10$ des gesamten Druckabfalls von der Aorta bis zur V. cava inf. auf das erste Capillargebiet, also den Darm entfallen, nur $1/10$ auf das Capillargebiet der Leber. Entsprechende Verlangsamung des Blutstroms ist die notwendige Folge.

Jeder Atemzug führt zu vorübergehender Störung des Gleichgewichts des Pfortaderstroms. Diese Schwankung wird durch das Zusammenwirken einer Anzahl mechanischer Faktoren hervorgerufen, die in ihrer Gesamtheit und in ihrer Einzelwirkung der Analyse zugänglich sind. Durch zusätzliche Messung des Drucks in der V. cava inf. kann der Einfluß des *Donders*schen Drucks ermittelt werden. Die Höhe des Pfortaderdrucks ist ein Maßstab für die Widerstandsgröße von der Leberpforte bis zum rechten Vorhof. Durch Nivellierung des Druckgefälles für die Lebercapillaren ist trotz der Depotfunktion eine gleichmäßige Blutversorgung sämtlicher Leberzellen gewährleistet. Aus der Kenntnis der Depotfunktion ist der wechselnde Blutgehalt des Organs herzuleiten. Die Steuerung dieser Gesamtstrombreite erfolgt auf dem Nervenweg über eine Kette hintereinandergeschalteter Zentren. Dagegen wird für die Atemschwankung des Pfortaderdrucks direkte nervöse Steuerung abgelehnt. Eine Volumenschwankung des Pfortader-Lebergebiets in Abhängigkeit von der Atmung ist durch die Ableitung wahrscheinlich.

II. Atmungsbedingte Volumenschwankungen des Leberblutstroms.
a) Die Voraussetzungen für ein „Atemvolumen der Leber".

Aus den experimentell gewonnenen Anschauungen über den Druckablauf im Stromgebiet der Pfortader und Leber, aus den Rückschlüssen auf die Strömungsgeschwindigkeit des Blutes, aus der Kenntnis der Depotfunktion und der Kreislaufregulation muß sich die Frage erheben, ob im Lebergebiet durch die Atmung Volumenschwankungen erzeugt werden und welche hämodynamischen Aufgaben sie zu erfüllen haben. Die Entscheidung der Frage scheint durch die Analyse der Pfortaderdruckschwankung (z. B. S. 339, 352) bereits gefallen zu sein, trotzdem soll ein zweiter Nachweis mit anderer Methode zu Erhärtung dieses physiologisch und pathologisch-physiologisch wichtigen Vorgangs geführt werden.

Von *Rein* konnte gezeigt werden, daß Milz und Leber Depotorgane darstellen, daß beide aber nach der Art ihrer Depotwirkung zu unterscheiden sind: In der Milz wird das Blut außerhalb des Blutstroms mit beliebiger Annäherung an die Stase gespeichert; in der Leber wird normalerweise das Blut der Zirkulation niemals vollkommen entzogen. Die Speicherung besteht vielmehr in einer hochgradigen Strömungsverlangsamung, deren Grad durch Länge und Breite der Strombahn bestimmt wird. Hieraus ist abzuleiten, daß in der Apnoë die Strömung infolge des gleichmäßigen Druckabfalls in den Capillaren (S. 351) zwar gleichmäßig ist, daß aber in den zu- und abführenden Stromgebieten Partien mit stark verringerter Strömungsgeschwindigkeit neben solchen mit rascherem Blutwechsel bestehen. Selbstverständlich sind diese unterschiedlichen Strömungsverhältnisse niemals qualitativ, sondern stets nur quantitativ zu trennen *(Broemser)*.

Bei der Inspiration kommt die Leber von ihrer Oberfläche her allseits unter erhöhten Druck. Aus dem Druckanstieg in der Pfortader kann auf Drosselung des Blutzuflusses zur Leber geschlossen werden. Durch den fehlenden Druckabfall in der unteren Hohlvene scheint der Beweis erbracht zu sein, daß eine vermehrte Blutströmung aus der Leber in das Gebiet der V. cava inf. während der Einatmung stattfindet. Schließlich zeigt der vorübergehende Druckabfall in der Pfortader bei der Exspiration, daß nach der Drosselung ein vermehrter Zufluß von Blut in die Leber erfolgen kann, während gleichzeitig der Abstrom aus der Leber zur Norm zurückkehrt. Dies sind die bisher gewonnenen Tatsachen, die ein „Atemvolumen der Leber" in hohem Grade wahrscheinlich erscheinen lassen. Es lag nahe, nach einem sicheren Beweis zu suchen. *Weltz* und *Kottenhoff* bedienten sich bei der Untersuchung der respiratorischen Füllungsschwankungen des Herzens im Unterdruck kymographischer Röntgenaufnahmen und *Weltz* (a) hat bereits ein Kymogramm veröffentlicht, bei dem eine Füllungsschwankung der Leber gleichlaufend mit der Füllungsschwankung des Herzens zu erkennen ist.

b) Experimenteller Nachweis des Atemvolumens der Leber
(gemeinsam mit *Kottenhoff*).

Die Kymographie der Leber und des Zwerchfells unter Anwendung des Kontrastblutverfahrens mußte den Nachweis der Füllungsschwankung der Leber in Abhängigkeit von der Atmung ermöglichen. Dieses Vorgehen schien als Kontrolle der bisherigen theoretischen Ableitung besonders geeignet, da es die Untersuchung der Leberzirkulation ohne Eröffnung des Abdomens, also unter Wahrung des intraabdominalen Druckes gestattet; wie erwähnt (S. 341) konnte dieser Faktor bei der Druckschreibung nicht erfaßt werden.

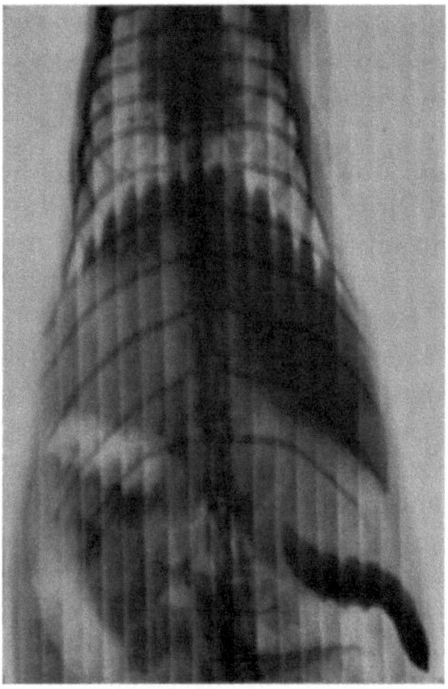

Methode: Die Versuche wurden mit Kaninchen durchgeführt. Nachdem die Leber durch Thorotrastspeicherung in den *Kupffer*schen Sternzellen schattenhaft zur Darstellung gebracht war — 5 ccm Thorotrast intravenös 2 Tage vor dem Versuch — wurden zur Erzielung des Kontrastblutes weitere 10 ccm, ebenfalls intravenös, gegeben. In unmittelbarem Anschluß wurde in Bauchlage des Tieres mit den Kymogrammaufnahmen begonnen. Die frühere Erfahrung *Kottenhoffs* (a, b), daß Schrägstellung des Tieres (33° Erhöhung des Kopfendes) — unter Vermeidung paradoxer Schwankungen — vermehrte physiologische respiratorische Füllung des Herzens erzeugt, wurde benutzt, um kontrastreiche Bilder zu erhalten. Da in dieser Lage auch die Atemschwankungen des Zwerchfells am größten sind,

Abb. 18. Kymogramm der Leber und Milz.

mußten aus dem Kymogramm außer auf die Lageveränderung der gesamten Leber auch Rückschlüsse auf die Volumenänderung der Einzellappen möglich sein, während durch das Kontrastblut Füllungsschwankungen der Leber zur Aufzeichnung kamen. Die Entstehung eines orthostatischen Kollapses konnte durch Bauchlage der Tiere vermieden werden. Die Rasterbewegung der Apparatur erfolgte senkrecht zur Längsachse der Tiere.

Versuchsergebnisse. Im Kymogramm fällt, wie erwartet, zunächst die Verlagerung der Leber mit dem Hoch- und Tieftreten des Zwerchfells auf, wobei mit der Einatmung eine geringe Zunahme der queren Ausdehnung des Organs einhergeht. Vergleicht man jedoch die obere und untere Begrenzung eines Leberlappens, so sieht man einen verschieden großen Ausschlag beider Begrenzungen. Infolge der starken Lappung der Leber bei Tieren können stets nur einzelne Leberlappen beobachtet werden, da bei Untersuchung des gesamten Organschattens Täuschungen durch Verschiebung der Lappen gegeneinander unterlaufen können. Messung der Ausschlaggröße einzelner Lappen ergibt, daß in der Exspirationsstellung, also bei Zwerchfellhochstand, der Leberschatten stets größer ist als bei der Inspiration. Dies allein ist allerdings noch kein unbedingt verläßlicher Beweis für eine gleichzeitige Volumenänderung des Organs, da die Wanderung des Organschattens in Verbindung mit einer Drehung um die Querachse immerhin zu Fehlergebnissen führen könnte. Können jedoch gleichzeitige Schwankungen in der Schattendichte, und zwar Aufhellung! bei der Inspiration, also Kompression der Leber, größere Schattendichte bei der Exspiration nachgewiesen werden, so ist hiermit der angestrebte Nachweis für das „Atemvolumen der Leber" erbracht.

c) Das periphere Herz des Pfortaderkreislaufs; der Antagonismus der oberen und unteren Hohlvene.

Einleitend wurde festgestellt, daß unter peripheren Herzen Einrichtungen zu verstehen sind, die durch Vermittlung eines zusätzlichen Druckgefälles die Durchströmungsgröße oder -art eines Teilkreislaufs maßgebend beeinflussen (S. 319). Aus dem horizontalen Verlauf der apnoischen Pfortaderdruckkurve könnte die Existenz einer solchen Hilfseinrichtung für den Pfortaderkreislauf geleugnet werden, da ja die Größe dieses Kreislaufs erhalten bleibt und Druckanstieg als Folge fehlender Atemwirkung auf die Leber zunächst nicht beobachtet werden kann. Die experimentellen Untersuchungen: Der Nachweis des Atemvolumens der Leber, haben jedoch gezeigt, daß die *Art* der Leberdurchströmung grundsätzlich durch die Funktion der Hilfskräfte verändert wird. Und im folgenden wird nachgewiesen werden können, daß gerade der Ablauf pathologischen Kreislaufgeschehens oft auf den Ausfall der akzessorischen Kräfte zurückgeführt werden kann.

Ferner ist eine Erweiterung der bisherigen Vorstellung des Antagonismus zwischen V. cava inf. und sup. in Abhängigkeit von der Atmung notwendig. Dem Wechselspiel des venösen Blutangebots aus den beiden Hohlvenen *(v. Kress-Kittler)* ist der Wechsel des Blutabflusses aus den Lebervenen hinzuzufügen. Das verminderte Blutangebot als Folge der inspiratorischen Stauung in den Beinvenen *(Eppinger-Hofbauer)* wird durch den gleichzeitigen vermehrten Zufluß aus der Leber ausgeglichen; der erhöhte Druck in den Lebervenen unterstützt sogar die Drosselung des peripheren Abschnitts der V. cava inf., wie durch die Unterbrechung der (rückläufigen) Pulsationen der V. cava inf. während der Einatmung bewiesen werden konnte (S. 346). Es besteht also tatsächlich ein Antagonismus zwischen Lebervenen und peripherem Stamm der V. cava inf., während sich die Volumenschwankungen der Lebervenen und der oberen Hohlvene summieren, worin unter anderem ein Faktor für das Zustandekommen der respiratorischen Schwankungen des arteriellen Druckes zu erblicken ist.

Zusammenfassung des II. Abschnitts.

Der Kreis der physiologischen Betrachtung ist hiermit geschlossen: Es wurde mit exakten Methoden in unabhängigen Versuchen auf zwei verschiedenen Wegen nachgewiesen, daß die Blutfüllung der Leber mit der Ein- und Ausatmung einem steten Wechsel unterworfen ist. Die Bedeutung dieser Volumenschwankung wird offensichtlich bei Würdigung der Leber als Depotorgan. „Durch einen tiefen Atemzug wird nicht nur die Lunge durchlüftet, auch die Leber nimmt an dieser Durchlüftung teil." War gezeigt worden, daß durch Zunahme der Strombreite eine beliebig starke Stromverlangsamung in den als Depot wirkenden Lebergefäßen erreicht werden kann, so ist jetzt durch den Nachweis der Füllungsschwankungen der Leber ein Vorgang aufgedeckt worden, durch den im Rhythmus der Atmung und abhängig von ihrer Tiefe die dauernde Ausschaltung des Depotbluts aus der Zirkulation verhindert wird. Der vorübergehende Druckabfall in der Pfortader während der Ausatmung ist der Ausdruck für den Wechsel des Depotbluts. Durch diesen Wechsel wird dem Eintritt der Stase begegnet. Die hierfür erforderliche Arbeit wird von den Hilfskräften des Pfortaderkreislaufs geleistet: das periphere Herz des Pfortaderkreislaufs ist der Garant für den Wechsel des Depotbluts.

III. Folgen des Kreislaufversagens im Pfortader-Lebersystem.
a) Die hämodynamischen Folgen gestörter Pfortader-Leberzirkulation.

1. Theorie des Kollapses und Kollapskoëffizienten. Als Kollaps wurde jener meist plötzlich einsetzende Zustand bezeichnet, der durch Abnahme der zirkulierenden Blutmenge, unter Abfall des venösen Blutangebots zum Herzen und Sinken des Venendrucks, hervorgerufen wird. Seiner Entstehung muß stets eine Blutverschiebung beträchtlichen Ausmaßes vorangehen. Eine Beteiligung der Blutdepots ist hierbei unerläßlich.

Mit diesen allgemeinen Symptomen des peripheren Kreislaufversagens ist über die Ursache des Zustandekommens noch nichts ausgesagt. Gerade hierüber wurden die verschiedensten Meinungen vertreten und oft als die einzig möglichen und einzig richtigen verfolgt, nicht immer zum Nutzen für die Erweiterung und Vertiefung des Wissens um das Kollapsproblem. Ein Bild des oft gegenteiligen Wechsels der Ansichten gibt die Entwicklung der Begriffe Shock und Kollaps *(Heinemann)*. Als Beispiele seien hier nur die Erschöpfungstheorie von *Crile* genannt, der die Kollapsursache in der Vasomotorenlähmung sah, oder die gegensätzliche Lehre *Cannons* von der Toxinämie bei der Shockentstehung. Die Gleichartigkeit der Symptome beim Histaminkollaps, der Nachweis des Histamins im Blut *(Dale-Best)* führten zu der Vermutung, daß in diesem Stoff das schädigende Agens tatsächlich gefunden sei *(Michalowski-Vogelfanger)*; so wird von japanischer Seite *(Takabayashi)* das Histamin für den Ileustod, der ja im Zustand des Kollapses erfolgt, verantwortlich gemacht. Durch die Versuche von *Rein* (a) wurde jedoch neuerdings die dominierende Stellung des Histamins für die Kollapsentstehung widerlegt. Auch *Eppinger* weist darauf hin, daß die tatsächlich nachweisbaren Histaminmengen nie ausreichen würden, um den unheilvollen Blutdruckabfall im Kollaps herbeizuführen. Das Histamin ist ein Mittel, um die Symptome des Kollapses zu erzeugen, der Schluß, daß es für die Entstehung des klinischen Bildes verantwortlich zu machen sei, ist hieraus nicht gestattet.

Der Versuch, eine in allen Fällen gültige Ätiologie des Kollapses zu finden, ist mißglückt. *Gollwitzer-Meier* verzichtet daher auf eine einheitliche Definition und beschränkt sich auf die Klärung der Koëffizienten, die durch ihre Kombination zum Kreislaufversagen führen; durch Variation im Zusammentreffen dieser Koëffizienten entsteht das wechselnde Bild des klinischen Kollapses.

Eine neue Befruchtung des Problems brachte die Einbeziehung der Kreislaufkorrelationen: Der Kreislauf ist nicht Einzelsystem mit Einzelaufgabe, er ist der große Vermittler der Stoffwechselvorgänge im Gesamtorganismus. Durch die Stoffwechselvorgänge wird das Blutbedürfnis der Organe bestimmt *(Bier)*. An der Regulation des ausgeglichenen Kreislaufs ist der gesamte vegetative Apparat mit Peripherie und zentralen Schaltstellen beteiligt *(Siebeck* (b)*)*. Hieraus zieht *Rein* (a) den Schluß, daß alle Vorgänge, die in der Klinik als Kollaps bezeichnet werden, auf ein Versagen der normalen Kreislaufregulationen zurückgeführt werden müssen. Hiermit ist ein gemeinsamer Nenner für den Eintritt des Kreislaufzusammenbruchs gefunden, die Folge ist jeweils das verminderte Blutangebot zum Herzen von der Venenseite des Kreislaufs her. Aus der Vielzahl der Regulationsvorgänge folgt notgedrungen die Verschiedenheit des Weges von der Norm zum Versagen: Also die Variation der Koëffizienten. Nach dem Vorgehen *Eppingers* lassen sich mehrere Formen abgrenzen. An dieser Stelle ist auf die Ansicht

Tabelle 3. Die unterschiedlichen Formen des Kollapses. (Mit klinischen Beispielen.)

Hämodynamisch	Protoplasmatisch	Orthostatisch	Blutverlust
Kollaps durch Vasomotorenlähmung	Kollaps durch exogene oder endogene Gifte	Kollaps durch Zwangshaltung	Kollaps durch Verblutung nach außen
Spinaler Kollaps	Verbrennungen		in die großen Körperhöhlen
Hyperventilationskollaps	Infektionen		post partum
„Zentraler Kollaps"	Kollaps als Folge von Stoffwechselstörungen		
Hormonaler Kollaps			
Kollaps durch Embolie			

Kochs hinzuweisen, daß stets die Art der Kreislaufschädigung für die Auslösung maßgebend ist, während durch den unterschiedlichen Eintritt, das Versagen oder auch das Ausbleiben der Regulationen das Symptomenbild bestimmt wird. Dies kann durch stets wiederkehrende klinische Beispiele belegt werden. So erfolgt der Tod nach massivem Blutverlust im Kollaps. Die zu Beginn normal bleibende Größe der zirkulierenden Blutmenge ist Ausdruck der Kreislaufanpassung (*Gollwitzer-Meier*, S. 323). Kann das Gleichgewicht zwischen Kapazität der Strombahn und strömender Blutmenge nicht mehr aufrecht erhalten werden, so tritt als Folge der Erschöpfung der Reserven das Versagen ein, in diesem Fall primär durch den Ausfall der Kreislaufreserve „Blutmenge" *(Brüner)*. Die äußerste Grenze liegt hierbei nach *Hansen* bei 45—65% der Gesamtblutmenge, abhängig von der Geschwindigkeit des Blutverlusts. Diese Kollapsform ist nach ihrem Zustandekommen am leichtesten zu überblicken. Die überwiegende Zahl aller anderen Kollapstypen stellt Mischformen des *Eppinger*schen Schemas dar. So wird man von einem einheitlichen postoperativen Kollaps besser nicht sprechen: Gerade hier begegnet man Kombinationen jeder Art.

Setzt man die durch experimentelle Untersuchungen gewonnenen pathogenetischen Koëffizienten *Gollwitzer-Meier*s zu dem obigen Schema klinischer Kollapsbilder in Beziehung, so erkennt man erneut die vielfache Überschneidung der Faktoren. Der protoplasmatische Kollaps ist beispielsweise keineswegs mit den protoplasmatischen Koëffizienten erschöpft; hämodynamische oder orthostatische treten sekundär hinzu. In gleicher Weise können sich zu den hämodynamischen sekundär protoplasmatische Komponenten gesellen.

Wendet man sich nach dieser Betrachtung des gesamten Kollapsproblems wieder der Zirkulation im Pfortader-Lebersystem zu, so drängt sich die Frage auf, ob durch die vorangegangene Analyse der physiologischen Verhältnisse Faktoren aufgedeckt werden konnten, die im Falle einer Kreislaufbedrohung im Sinne des Kollapses als Regulatoren eintreten können, oder deren Fehlen zu Begünstigung oder Beschleunigung des Kollapses führt. Dies würde aber bedeuten: das periphere Herz des Kollateralkreislaufs Darm-Leber ist ein Regulationsorgan des Gesamtkreislaufs, es wird im Falle seines Versagens zum Kollapskoëffizienten.

Diese Auffassung ist in Parallele zu setzen mit der Theorie von *Henderson* (b), der ein Versagen der venösen Seite des Kreislaufs als Folge eines pathologisch herabgesetzten Muskeltonus nachweisen konnte. Die eigenen Versuche werden zeigen, daß die Gleichartigkeit der Verhältnisse noch weiter verfolgt werden kann, daß die Art der nachfolgenden Stoffwechselstörung übereinstimmt.

2. Experimenteller Kollaps als Folge gestörter Pfortader-Leberzirkulation. Bei den Versuchen war davon auszugehen, daß Ausschaltung der Zwerchfellwirkung auf die Leber zu Widerstandserhöhung im Leberkreislauf führt. Der Beweis wurde auf Grund von Durchströmungsversuchen (S. 352) und aus der Tatsache erhöhten Pfortaderdrucks bei „vorgefallener Leber" (S. 339) bereits erbracht. Durch andere Versuchsanordnung gelang es jedoch, diese Verhältnisse auf neuen Wegen unabhängig von den bisherigen Resultaten nachzuprüfen.

α) Zunächst wurde die kymographische *Kontrastblutmethode* wieder herangezogen (vgl. S. 356f). Durch ein Pneumoperitoneum wurde die Lösung der Leber aus der Zwerchfellwölbung erreicht, da infolge der beschriebenen Schrägstellung der Tiere — Kaninchen in Bauchlage, 33° geneigt — die eingeblasene Luft unter dem Diaphragma zur Ansammlung kommt. Aus derartigen Aufnahmen ist das normale Atemvolumen der Leber nicht mehr bestimmbar. Eine sicher meßbare Differenz der Blutkapazität der Leber mit der Ein- und Ausatmung fehlt, die Aufhellungslinien im Leberschatten, als Ausdruck des Gehalts an (Kontrast-) Blut, sind kaum mehr angedeutet.

Gleichzeitig ist eine beträchtliche Zunahme der Atemfrequenz feststellbar. Nach *Rehn* beantwortet der untrainierte Organismus eine Belastung mit Frequenzsteigerung der Atmung und des Pulses bei gleichbleibendem oder

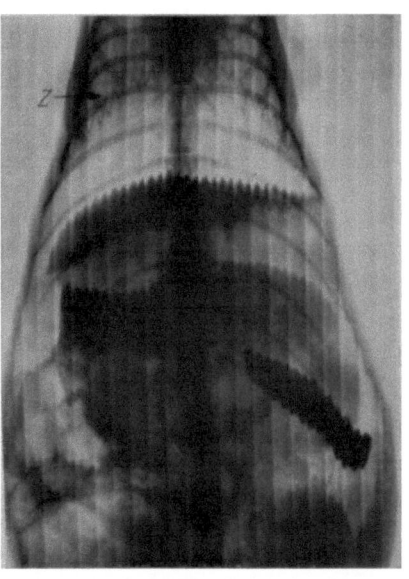

Abb. 19. Kymogramm der Leber und Milz bei Pneumoperitoneum. Z Zwerchfell.

sogar absinkendem Schlagvolumen, während der geübte den Mehrbedarf durch Vergrößerung seines Schlagvolumens zu decken vermag. Diese Reaktionsweise des normalen erfordert aber eine Zunahme der zirkulierenden Blutmenge, also Heranziehen der Kreislaufreserven. So ist die Frequenzsteigerung in den Versuchen Zeichen absinkenden Schlagvolumens und zugleich Ausdruck für den Ausfall der Regulation: eine Mobilisation des Depotbluts gelingt nicht mehr.

β) Nachdem auf diese Weise jedoch nicht zu entscheiden ist, ob die Zirkulationsänderung Folge der veränderten Leberdurchblutung oder des erhöhten intraabdominalen Druckes ist, wurde eine Zwerchfellausschaltung dadurch vorgenommen, daß Hunden in Morphium-Pernoctonnarkose ein enganliegender *Gipsverband* über dem Abdomen und dem unteren Thoraxdrittel umgelegt wurde. Die Atmung erfolgt nunmehr ausschließlich thorakal. Außer einer Frequenzsteigerung von Atmung und Puls kann regelmäßig eine Zunahme der Erythrocyten um 0,7 bis 1,9 Mill./mm³ beobachtet werden, während bei Vergleichstieren in Narkose nur Schwankungen vorkommen, die die Fehlergrenzen kaum überschreiten. (Die Beobachtungen müssen auf längstens 2 Tage beschränkt werden, da nach diesem Zeitpunkt Bronchopneumonie und Lungenatelektase die Eindeutigkeit der Befunde trüben.) Die Ergebnisse stimmen mit den Angaben von *Hess* (a) überein, der den Erythrocytenanstieg nach Adrenalininjektion durch Tonuserhöhung der Lebergefäße erklärte. *Lamson* sprach bereits von einem Austritt von Blutwasser in der Leber als Folge vermehrten Widerstands im venösen Abflußgebiet bei gleichzeitigem Druckanstieg in der Pfortader.

Tabelle 4. **Erythrocytenanstieg nach Zwerchfellausschaltung durch Gipsverband über Abdomen und unterem Thoraxdrittel.**

	Zwerchfellausschaltung durch Gipsverband in Narkose		Narkose allein		Kontrolle Normaltier
	Werte in Millionen				
Ausgangswert	5,98	5,06	5,50	4,65	4,40
nach 12 Std.	6,16	4,88	6,22	4,82	4,48
„ 24 „	6,85	5,44	6,00	4,81	4,41
„ 36 „	6,30	6,40	5,46	4,80	4,28
„ 48 „		6,98	5,70		4,38

Bei der histologischen Untersuchung[1] der Leber dieser Tiere findet sich regelmäßig eine starke Hyperämie der Leber- wie der Portalvenen. An einzelnen Stellen ist Dissoziation der Leberzellen und Erweiterung der *Disse*schen Räume festzustellen. Magengefäße und Milz sind von der Blutüberfüllung gleichfalls betroffen.

Um die eben erwähnte zeitliche Beschränkung der Versuche und die Wirkung der Narkose auszuschalten, kann die Ruhigstellung des Zwerchfells auch durch *Exairese der beiden Nervi phrenici* erfolgen. Da die Segmenthöhe ihres Ursprungs bei Hunden wechselt, und zumeist noch intrathorakale Wurzeln vorhanden sind, ist die transthorakale Durchtrennung in der Nähe der Insertion vorzuziehen. Der Eingriff erfolgt zweizeitig, links beginnend. Die zweite Sitzung kann nach 14 Tagen angeschlossen werden. Kontrolle der linken Zwerchfellseite ist hierbei leicht möglich; sie ist erforderlich, da eine beschränkte Zwerchfellaktion von den Randpartien her wieder einsetzen kann. Werden die Tiere (im Einzelstall) ruhig gehalten, so überstehen sie den Eingriff meist mehrere Wochen. Dagegen sind sie keinen körperlichen Anstrengungen gewachsen. Schon rasches Gehen, zumal bergauf, erzeugt hochgradige Dyspnoë, während in der Ruhe Kreislauf und Atmung in ausreichendem

---

[1] Für die Beurteilung der histologischen Präparate danke ich Herrn Prof. *Schminke* an dieser Stelle bestens. Einige Präparate wurden auch von Herrn Prof. *Eppinger* durchgesehen, dem gleichfalls hierfür gedankt werden soll.

Gleichgewicht erhalten werden können. Der Befund gleicht also demjenigen beim Menschen nach doppelseitiger Phrenicuslähmung. Nach *Oppenheim* bringt ihr Eintritt, z. B. bei der Poliomyelitis, stets die ungünstige Wendung, der Tod erfolgt im Kollaps.

Die Mitteilung *Sauerbruchs* über die erfolgreiche Behandlung eines tetanuskranken Jungen durch doppelseitige Phrenicusdurchtrennung scheint die Versuchsergebnisse, zumindest ihre Übertragung auf die menschliche Pathologie zu widerlegen. Es ist jedoch zu berücksichtigen, daß es sich hier um einen jungen Menschen handelte, dem nach der Heilung seiner Tetanuserkrankung zum Ausgleich des Zwerchfellausfalls eine kräftige straffe Bauchmuskulatur zur Verfügung stand, so daß auf diese Weise die Druckschwankungen auf die Leberoberfläche bei der Atmung und somit die Rückwirkung auf die Zirkulation erhalten blieben.

Wiederkehrende körperliche Leistungsfähigkeit nach doppelseitiger Zwerchfellähmung beruht zumeist auf einer teilweisen Regeneration der Nervenversorgung des Zwerchfells. Sie trat in dem Fall *Sauerbruchs* nach 7 Jahren ebenfalls ein. Wichtig ist nach *Eppinger* der Spannungszustand des Zwerchfells, so daß eine schlaffe von einer tonischen Lähmung unterschieden wird.

Die mikroskopische Untersuchung der Organe nach doppelseitiger Phrenicusexairese ergibt eine typische Stauungsleber; besonders um die Zentralvenen herum sind auch die Lebercapillaren strotzend mit Blut gefüllt; ebenso sind die Gefäße der *Glisson*schen Kapsel betroffen. Die Leberzellen weisen an einzelnen Stellen Atrophie auf (vgl. S. 370). Schließlich findet sich mancherorts eine Erweiterung der *Disse*schen Räume. Dieser letzte Befund soll zunächst nur beiläufig erwähnt werden; im Vordergrund steht die Hyperämie.

Um den Kreis dieser Betrachtung zu schließen, ist festzustellen, welche hämodynamische Bedeutung dieser Hyperämie im Pfortader-Lebersystem zukommt. Stellen die Blutdepots, also gerade das Splanchnicusgebiet Kreislaufreserven dar, so muß Kreislaufversagen eintreten, sobald die Reserven erschöpft sind oder wenn sie im Bedarfsfall nicht mehr mobilisiert werden können. Das Ergebnis muß der Kollaps sein.

γ) Der bekannte orthostatische Kollaps des Kaninchens wird auf die schlaffen Bauchdecken zurückgeführt, hier versackt das Blut im Splanchnicus, um dieses sonst oft mißbrauchte Schlagwort für die Kollapsentstehung zu gebrauchen. Der Beweis für die Richtigkeit der Annahme ist zu liefern, da es gelingt durch mechanisches Stützen der Bauchdecken das Versagen zu verhindern. Entsprechend tritt beim Hund, der über straffe und muskelstarke Bauchdecken verfügt, dieser orthostatische Kollaps kaum ein, jedenfalls bleibt er stets nur angedeutet. Ist die Ableitung der Reservefunktion des Pfortader-Lebergebiets richtig und sind die im ersten Abschnitt besprochenen Faktoren die Garanten für die Erhaltung der Zirkulation, so muß auch beim Hund durch das

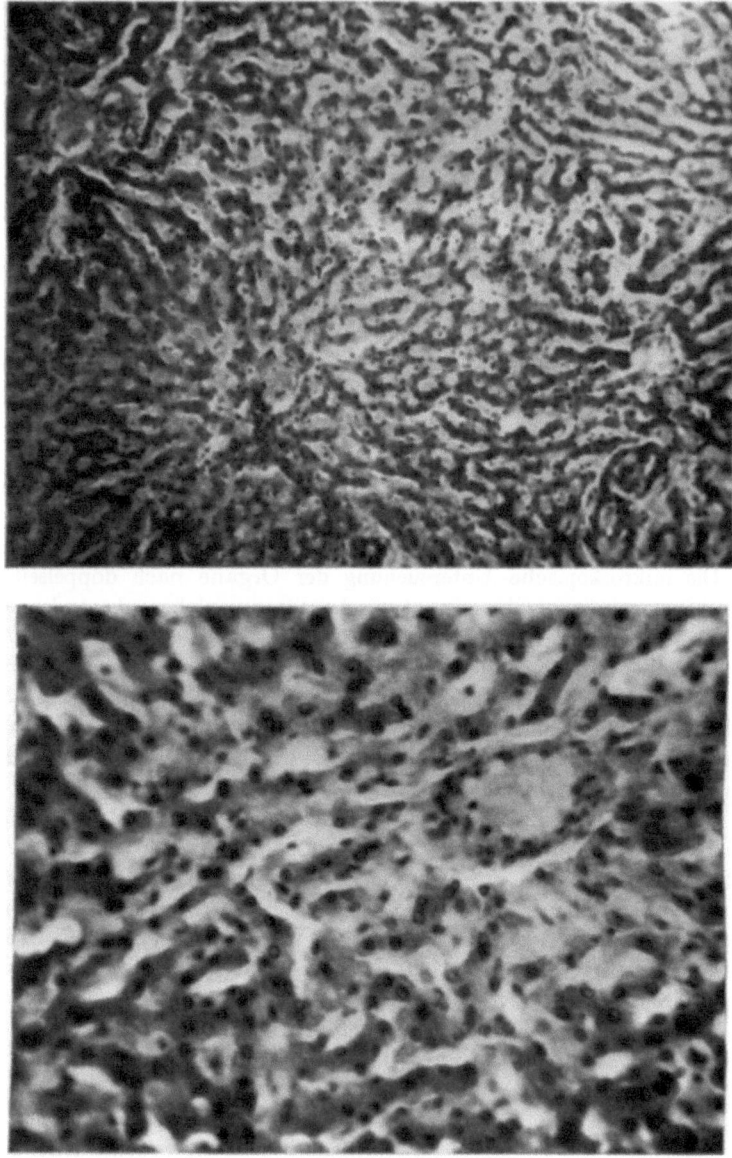

Abb. 20. Histologisches Bild der Leber nach doppelseitiger Phrenicusresektion.

Ausschalten dieser ein Kollaps erzeugt werden können. Der Hund muß in den Zustand des *orthostatischen Kollapses* verfallen, wenn das Atemvolumen der Leber *durch Anlage eines Pneumoperitoneums* unterdrückt wird. Die beiden Röntgenbilder sind das Ergebnis eines derartigen Versuches. Die erste Aufnahme erfolgte 20 Minuten nach dem Aufstellen des auf dem Brett festgebundenen Tieres (in Morphium-Pernoctonnarkose) vor dem senkrechten Röntgenschirm, die zweite 20 Minuten

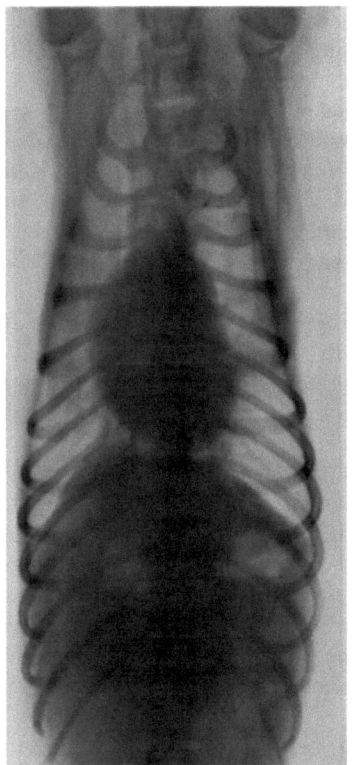 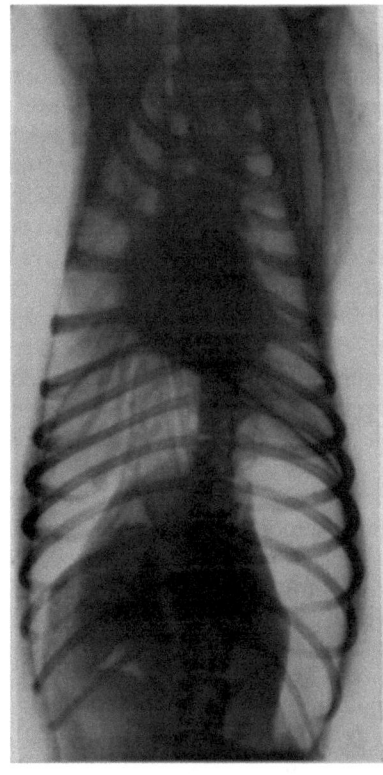

a   b
Abb. 21 a und b. Orthostatischer Kollaps beim Hund durch Anlage eines Pneumoperitoneums. a normal, b im Kollaps.

nach Anlage des Pneumoperitoneums. Die Verkleinerung des Herzschattens ist nach dem Vorgehen *Eppingers* der Maßstab für die Abnahme des Blutangebots aus der Peripherie, also den Grad des Kreislaufversagens. Gleichzeitiger Anstieg der Puls- und Atemfrequenz ist wiederum Ausdruck der fehlenden Regulation (S. 361).

3. Der Ausfall des peripheren Herzens des Pfortader-Lebergebiets als Kollapsursache. Hiermit ist gesichert, daß die Erhaltung der Regulation an die Erhaltung des peripheren Herzens des Pfortader-Leberkreislaufs gebunden ist. Die Gesamtheit der Faktoren, ihr Zusammenspiel und ihre Steuerung gewährleisten die Ökonomie dieses Parallelkreislaufs, sie ermöglichen die Depotfunktion unter Erhaltung normalen Stoffwechsels auf dem Weg über das Atemvolumen der Leber. Der Ausfall der Regulation läßt sich etwa derart zusammenfassen, daß aus einem Depotorgan II. Ordnung mit dauernder Erneuerung des Depotbluts ein Depotorgan I. Ordnung geworden ist, dem die Möglichkeit fehlt, das deponierte Blut dem Bedarf entsprechend wieder abzugeben. Der Anstieg des Pfortaderdrucks ist das Zeichen zunehmender Blutfülle bei ungenügender Abgabe, als Folge vermehrten Widerstands für den Leberblutstrom. Der Vergleich mit der Lebervenensperre *Picks*, etwa nach Histamininjektion ist naheliegend. Hämodynamisch betrachtet tritt derselbe Zustand ein. Man könnte geradezu von einer funktionellen Lebervenensperre sprechen. Hierbei muß betont werden, daß in den eigenen Versuchen wie auch von *Eppinger* auf Histamininjektion zunächst stets Anstieg des Pfortaderdrucks beobachtet wurde, im Gegensatz zu *Meythaler,* der Druckabfall angibt.

Berücksichtigt man die Versuche *Reins* (d), der nachweisen konnte, daß auf dem Wege des Kurzschlußkreislaufs bei drohendem Versagen vermehrte Durchblutung des Splanchnicusgebiets einsetzt, so entsteht ein Circulus vitiosus, dessen Unterbrechung nur dadurch möglich wird, daß die Entleerung des Depotbluts wieder einsetzen kann.

Als Beispiel ist hier das Vorgehen *Wenkebachs* zu erwähnen, der schwere Kollapszustände post partum (dem oben beschriebenen orthostatischen Kollaps vergleichbar, S. 363) dadurch beheben konnte, daß die erschlafften Bauchdecken eng bandagiert wurden; hierdurch wurde die normale Leberzirkulation wieder hergestellt, Unterbrechung des Circulus vitiosus führte zur Rückkehr normaler Kreislaufverhältnisse. Gleiches wird neuerdings von *Bohnenkamp* (b) mitgeteilt, der besonders auf die Möglichkeit paradoxer Exkursionen der unteren Thoraxappertur hinweist.

Analoge Verhältnisse können auch beim postoperativen Pneumoperitoneum entstehen. Wird durch Hochziehen der Bauchdecken bei der Naht eine große Luftblase in der Bauchhöhle zurückgelassen und fällt die Bauchpresse gleichzeitig z. B. infolge starker Schmerzen aus, so können schwere Kollapszustände entstehen, ihre Beseitigung gelingt durch Punktion des Pneumoperitoneums. Die beiden Röntgenkopien geben diese Verhältnisse wieder. In Übereinstimmung mit dem Tierversuch ist die Herzsilhouette während des Kollapses, also vor der Punktion kleiner, das Herz erscheint schlaff. Nach der Punktion ist die normale Herzform und -größe wieder vorhanden. Für eine exakte Auswertung muß darauf hingewiesen werden, daß aus äußeren Gründen Fernaufnahmen nicht angefertigt werden konnten, so daß die Beweiskraft aus dem Zusammenhang mit den klinischen Symptomen herzuleiten ist. Gerade bei solchen Fällen kann beobachtet werden, daß der Kreislauf bei einer Vita minima noch kompensiert ist; so führt ein einfaches Pneumo-

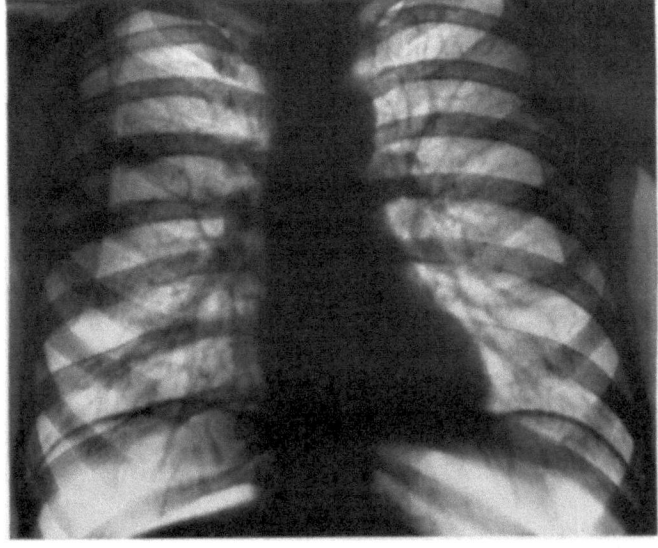

a

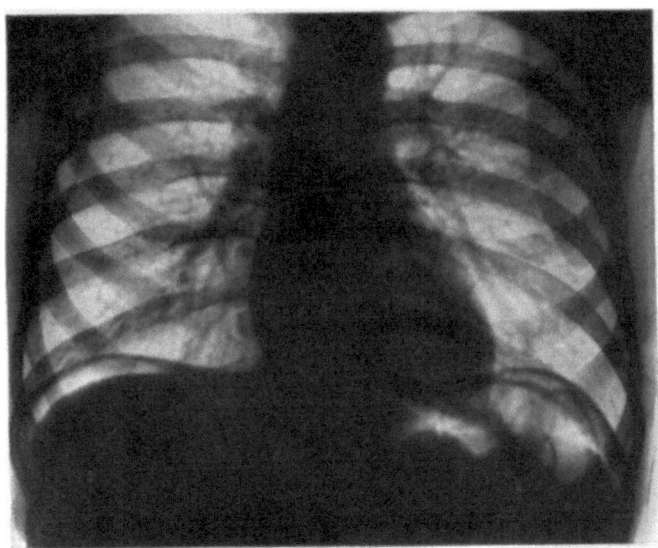

b

Abb. 22. Kollaps durch postoperatives Pneumoperitoneum.
a im Kollaps, b nach Punktion des Pneumoperitoneums.

peritoneum, z. B. bei der Röntgendiagnostik, zumeist keine Störungen herbei, die Bauchpresse ist erhalten, wenn auch das Atemvolumen der Leber herabgesetzt ist. Vermehrter Anspruch, etwa bei vermehrter

Wärmeproduktion im Fieber bringt aber die Katastrophe. Solche Verhältnisse können neben anderen Faktoren den Kollaps bei Peritonitis begünstigen, z. B. nach dem Durchbruch eines Magengeschwürs. Der durch das Pneumoperitoneum, die Blähung der Därme oder als Ermüdungssymptom *(Klotz-Straaten)* entstandene Zwerchfellhochstand führt einerseits zur Abnahme der Vitalkapazität, andererseits zur Minderung des Atemvolumens der Leber, so daß auch hier die Auslösung eines Circulus vitiosus offenbar wird. Gleiche Voraussetzungen treffen für Erkrankungen zu, die mit Druckerhöhung im Brustfellraum einhergehen, z. B. Empyem, Spannungspneumothorax; sie zeigen bekanntlich eine besondere Kollapsbereitschaft, die ihre Ursache wenigstens zum Teil im herabgesetzten Druckgefälle vom Bauch zum Brustkorbraum und im reflektorischen Zwerchfellstillstand hat. Es kommt zur Einflußstauung unterhalb des Zwerchfells *(Naegeli)*. Auf diese Weise tritt das periphere Herz des Pfortaderlebersystems als ein ausschlaggebender Faktor der Regulation in Erscheinung: Als Regler der Blutmengenreserve. Die Wichtigkeit dieses Vorgangs wird um so klarer, nachdem nachgewiesen wurde, daß nicht das Versacken des Blutes im Splanchnicusgebiet die primäre Kollapsursache darstellt, sondern daß der Kollaps entsteht als Ausdruck des Versagens oder Fehlens der Gegenmaßnahmen.

In dieser Weise ist auch der Zustand zu deuten, der von den Fliegern als Schleier bezeichnet wird und der nach dem Abfangen des Sturzflugs als Folge einer Anämie des Gehirns durch plötzlichen Abfall des Schlagvolumens entsteht. Die Ursache dieses verminderten Schlagvolumens ist eine mangelhafte Blutzufuhr zum Herzen, es handelt sich also um einen Kollapszustand. Die praktische Erfahrung hat den Fliegern gezeigt, daß dieser Vorgang vermieden oder wenigstens verringert werden kann, wenn der Überfüllung der Leber und des Splanchnicusgebiets — oder richtiger ausgedrückt der Unmöglichkeit einer Entleerung des Systems — durch starkes Anspannen der Bauchpresse in Inspirationsstellung der Lunge und des Zwerchfells begegnet wird.

b) Der protoplasmatische Kollaps als Folge pathologischen Stoffwechsels in der Leber.

1. Koppelung von Zirkulation und Stoffwechsel. Der Kreislauf wurde oben (S. 359) als Träger und Garant der Stoffwechselzu- und -abfuhr bezeichnet; dieser äußeren Strömung, der bisher besprochenen Zirkulation ist die innere entgegenzusetzen: die Gewebsströmung. Erst durch die Wechselwirkung beider wird die Ernährung des Gewebes gesichert. Daher darf sich eine Kreislaufbetrachtung nicht mehr allein auf die zirkulatorischen Vorgänge im Gefäßsystem der Blutbahn beschränken; der korrespondierende Gewebskreislauf muß mit einbezogen werden und hiermit der Stoffwechsel überhaupt *(Siebeck, Kirschner* (a), *Henderson* (b),

Bethe-v. Bergmann). Die Austauschfläche liefert das Capillarsystem, indem durch die ungeheure Oberflächenvergrößerung die Voraussetzungen für den Ablauf der Stoffwechselvorgänge, bei einer langsamen kontinuierlichen Strömungsgeschwindigkeit von 0,5—0,9 mm/Sek., geschaffen werden. — An diesem Punkt sei darauf hingewiesen, daß infolge dieser unerläßlichen Voraussetzung die physiologische Wirkung der arterio-venösen Anastomosen auf einem anderen Aufgabengebiet des Kreislaufs, z. B. der Wärmeregulation, zu suchen ist *(Hess* (c)*)*.

α) Der Stoffwechselvorgang in den Capillaren ist allgemein aufzufassen als ein sich dauernd abspielender Ausgleich verschiedenster *Potentiale*, z. B. der Gase, der Ionen, der elektrischen Spannung und anderer, *zwischen Blutbahn und Gewebsflüssigkeit*. Hierbei ist dieser Ausgleich gerichtet, im arteriellen und venösen Capillarschenkel entgegengesetzt. Nur die stete Erneuerung der Potentiale ermöglicht die Aufrechterhaltung des Stoffwechsels. Nach dem Massenwirkungsgesetz ist die Reaktionsgeschwindigkeit stets von der gegenseitigen Anfangsspannung abhängig und hieraus ergibt sich, daß nur Aufrechterhaltung des Spannungszustands ausreichenden Austausch gewährleisten kann.

Da die Spannung der Gewebsflüssigkeit passiv von dem Angebot und den anfallenden Stoffwechselprodukten abhängig ist, muß die Erhaltung und Regelung des Gefälles vom Blutkreislauf ausgehen. Hierin liegt die ausschlaggebende Bedeutung der Erhaltung der Blutströmungsgeschwindigkeit im Austauschgebiet, dem Capillarbereich. Stase des Blutstroms führt zu Potentialverlust zwischen Blut und Gewebsflüssigkeit und somit zum Stoffwechselstillstand. Ausgleich der Spannungen bedeutet aber Tod des Gewebes *(Eppinger* (b)*)*.

Die Erhaltung des Reaktionsoptimums liegt also in der Strömungsgeschwindigkeit des Capillarkreislaufs begründet, und die selbsttätige Weitenänderung der Capillaren wie ihre Eröffnung und Schließung stellen die lokalen Regulationsmechanismen für die jeweilige Größe des Stoffwechsels dar. So wird die Strömungsgeschwindigkeit und die Durchblutungsgröße in einem Capillarbereich dem Kreislauf von der Spannung zwischen Gewebe und Blutbahn über die örtlichen Kreislaufhormone diktiert. (*Frey, Fischer-Wasels*: Abstimmung der Blut- und Gewebspotentiale aufeinander.) Der Kohlensäure kommt nur in beschränktem Ausmaß eine derartige lokale Wirkung zu, ihre Bedeutung liegt in der zentralen Regulation *(Rühl* (b)*)*.

Die Existenz der peripheren Steuerung des Pfortaderstroms wurde bereits nachgewiesen (S. 352f.). Es sei hier nur nochmals an die verschieden starke Wirkung gleicher Histaminmengen auf den Pfortader-Leberstrom bei offener und unterbundener Art. hepatica erinnert (S. 353).

β) Ferner ist der Austausch zwischen Gewebe und Blutbahn von der *Beschaffenheit und Durchlässigkeit der trennenden Membran* abhängig. Pathologisch gesteigerte Permeabilität kann bis zum Plasmaaustritt in das Gewebe mit Eindickung des Blutes und Erythrocytenanstieg führen, z. B. bei der Verbrennung, *Zink, Ewig*; Albuminurie in das Gewebe, *Eppinger* (c).

Hieraus ergibt sich als nächste Frage: Welche Rückwirkung hat die Stase des Blutstroms auf den Stoffwechsel des betroffenen Gewebes, welchen Stoffwechselstörungen folgt eine veränderte Permeabilität? *Landis* (a, b) konnte zeigen, daß die Capillardurchlässigkeit vom hydrostatischen Capillardruck abhängt und *Krogh* wies Flüssigkeitsaustritt bei venöser Stauung nach. Der Grad des Flüssigkeitsaustritts ist hierbei von dem Stauungsdruck abhängig. Beim Gesunden erzeugt erst ein länger dauernder Druck von 80 mm Hg am Arm einen massiven Eiweißaustritt; anders bei geschädigten Capillaren, so daß diese Methode geradezu als Test für die Diagnose einer krankhaften Gefäßdurchlässigkeit vorgeschlagen wurde. Eine gleichartige Neigung zu abnormer Durchlässigkeit scheint nachgewiesen zu sein, wenn bei Kranken, besonders Kachektischen, im postoperativen Verlauf im Anschluß an eine regelrechte und rasch erfolgte Venenpunktion ein handtellergroßes Extravasat als Ausdruck einer reaktiven Zirkulationsstörung entsteht und lange Zeit, 8—10 Tage zu seinem Verschwinden benötigt, und schließlich ist das *Rumpel-Leede*sche Phänomen gleichfalls Ausdruck herabgesetzter Capillar- und Gefäßwanddichte.

Entsprechende Versuche für das Leber-Pfortadersystem teilt *Meythaler* mit. Starke Drosselung, mehr noch temporäre Abklemmung der Lebervenen führt zu passiver Hyperämie, nach kurzer Zeit zu Erweiterung der Zentralvenen und Capillaren, schließlich zu Degeneration der Leberzellen um diese Venen und zu Ödem im Pfortadergebiet. Es zeigt sich also große Ähnlichkeit mit dem oben mitgeteilten Befund nach Phrenicusexairese (S. 363). Dauernde Ligatur der Lebervenen führt in kurzer Zeit durch Kollaps zum Tod des Versuchstieres.

Art und Grad der mechanisch bedingten Stoffwechselstörung als Folge der passiven Hyperämie sind unabwendbar an die gleichzeitige An- oder wenigstens Hypoxämie gekoppelt. Hier sind die Arbeiten von *Büchner* und *Luft* zu nennen, die schwere lokale Gewebsveränderungen fanden, wenn die Sauerstoffzufuhr, auch bei erhaltenem Kreislauf dem Bedarf nicht mehr Schritt halten konnte. *Meesen* (b) hat beim orthostatischen Kollaps des Kaninchens dieselben Veränderungen am Herzmuskel wie beim schweren Histaminkollaps nachgewiesen.

2. Magenatonie und Hypochlorämie als mögliche Erscheinungsformen des protoplasmatischen Kollapses. Im Zusammenhang mit den Stoffwechselstörungen gewinnen die *Pick-Mautner*schen Untersuchungen über die Histaminwirkung auf den Kreislauf der Leber erneut Bedeutung: In der Lebervenensperre findet man den Faktor, der zum Stillstand des Blutstroms, zur Stase führt und die von *Eppinger* als seröse Entzündung bezeichneten histologischen Veränderungen sind die Antwort des Gewebes auf die Minderung der Stoffwechselleistung. Es liegt mir selbstverständlich fern, etwa das ganze Bild der serösen Entzündung oder des protoplasmatischen Kollapses als rein mechanische Folge der Lebervenensperre ansehen zu wollen. Es kommt hier vielmehr darauf an, die enge Verquickung rein mechanischer Kreislaufstörungen, also hämodynamischer Veränderungen und nachfolgender Stoffwechselfehlleistung aufzuzeigen.

α) Eindrucksvoll zeigt dies ein *klinisches Beispiel*. Wegen eines Kompressionsbruchs des 2. Lendenwirbels (ohne spinalen Shock!) wurde einem Verletzten ein großer abschließender Rumpfgipsverband angelegt. Zur Erzielung günstiger Frakturstellung war von der Polsterung abgesehen worden. Ein Fenster im Gips über dem Abdomen sollte nach dem Erhärten angelegt werden. Wenige Stunden nach Anlage des Gipses stellten sich schwere Kollapserscheinungen ein. Trotz sofortiger teilweiser Abnahme des Gipses war bereits ein Circulus vitiosus entstanden. Erscheinungen einer Magenatonie kamen hinzu und unter zunehmender Kreislaufschwäche trat der Tod im Kollaps ein. Die Untersuchung der inneren Organe, besonders der Leber und Milz, ergab Hyperämie und akute Degeneration, teilweise trübe Schwellung[1]. Gerade die Kombination der Hyperämie, als Zeichen der Kreislaufstörung im Pfortadersystem, und der trüben Schwellung, als Ausdruck der Stoffwechselfehlleistung, ist geeignet, die Verbindung und gegenseitige Abhängigkeit von Zirkulation und Gewebsfunktion zu beweisen. Die Beziehungen zum protoplasmatischen Kollaps werden um so eindrucksvoller, nachdem durch die Untersuchungen *Hoppe-Seylers* die Zusammengehörigkeit beider Befunde nachgewiesen wurde. Die mangelhafte Sauerstoffversorgung ist sicher ein verbindendes Glied dieser Vorgänge: der herabgesetzte Sauerstoffverbrauch ist beim Histaminkollaps wie bei allen anderen Kollapsformen, auch beim Menschen *(Wahren)* nicht Ausdruck verminderten Bedarfs, sondern ungenügenden Aufnahmevermögens *(Rühl* (b)*)*. Der Beweis ist erbracht, da Erholung vom Kollaps mit einem echten Debt, also vermehrter Sauerstoffatmung einhergeht, *Eppinger, Laszlo, Schürmeyer*. Die akute Magendilatation als Folge einengender, vom Becken hoch heraufreichender Gipsverbände wurde wiederholt beschrieben, *Beneke-Kelling*. Der Zusammenhang ergibt sich aus weiteren klinischen Befunden.

Eine 36jährige Frau geriet 4 Tage nach vollkommen glatt verlaufener Cholecystektomie in einen sehr bald bedrohlichen Kollapszustand. Eine Peritonitis war bei einer Körpertemperatur von 38⁰ C und einer kaum erhöhten Leukocytenzahl auszuschließen. Dagegen wiesen leere zusammengefallene Venen, kleiner frequenter Puls, kalte Extremitäten, kühler Schweiß sofort darauf hin, daß eine schwere Kreislaufveränderung, eben ein Kollaps im Vordergrund stand. Die Bestimmung des Reststickstoffs im Blut ergab eine Erhöhung auf 158 mg-%. Der Serum-

---

[1] Histologische Präparate von diesem äußerst wichtigen Befund liegen leider nicht mehr vor.

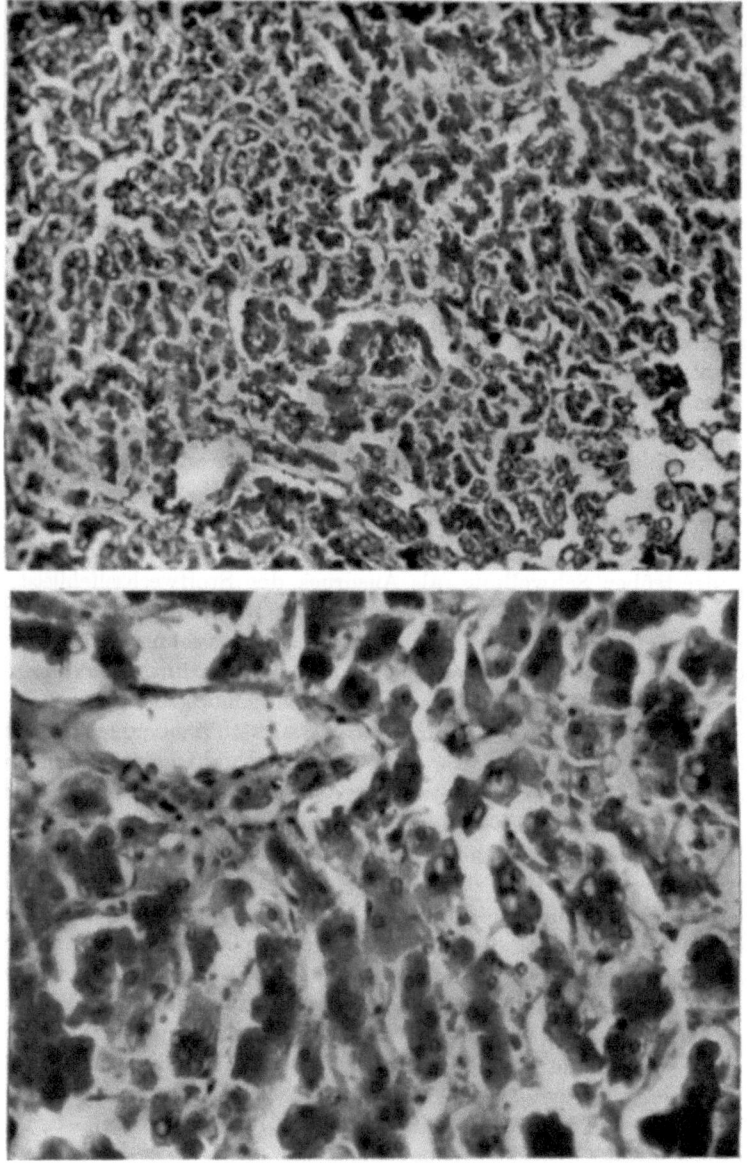

Abb. 23. Seröse Entzündung der Leber.

chlorspiegel war auf 196 mg-% abgesunken. Kochsalz im Urin war nicht mehr nachzuweisen. Die Venenpunktion war infolge der schlechten Füllung der Gefäße erschwert. Die Erythrocyten stiegen in den letzten

12 Stunden ante exitum von 4,04 auf 4,64 Mill./mm³ an. Trotz aller therapeutischen Bemühungen war der ungünstige Verlauf nicht aufzuhalten. Die histologische Untersuchung der Leber ergab: Seröse Entzündung mit hochgradiger Erweiterung der *Disse*schen Räume, Plasmaaustritt und Verfettung der Leberzellen. Der Mageninhalt betrug 200 ccm. Die Eiweißprobe war trotz Sperrung der Nahrungszufuhr positiv, der Kochsalzgehalt betrug 720 mg-%.

β) Krankheitsbilder ähnlicher Art wurden im Zusammenhang mit der postoperativen Magenatonie unter dem Gesichtspunkt der Hypochlorämie zusammengestellt *(Zopff* (a)*)*. In Übereinstimmung mit den Untersuchungen *Nells* kann ein sich regelmäßig wiederholender Ablauf des pathologischen Geschehens beobachtet werden. Als warnende Symptome sind stets der Abfall (I. Stadium), sodann das Schwinden (II. Stadium) der Kochsalzausscheidung mit dem Urin zu werten. Folgt der Abfall des *Chloridspiegels im Blut* unter gleichzeitigem Anstieg des Reststickstoffs, so droht Gefahr. Aus dem Magen können in diesem III. Stadium zuweilen große Flüssigkeitsmengen, oft 1—2 Liter bei einer Ausheberung, entleert werden. Die chemische Untersuchung dieses Ausgeheberten förderte zwei wichtige Tatsachen gegen die Annahme einer — im I. oder II. Stadium oft bestehenden — Hypersekretion bei fehlender Motorik zutage. In dem Mageninhalt fehlt die freie Säure regelmäßig, gebundene Säure ist nur in geringem Maße nachweisbar, dagegen ergibt die Kochsalzbestimmung dem Blutserum nahekommende Werte. Ferner ist, auch bei Enthaltung von jeder Nahrungsaufnahme, stets Eiweiß in dem Ausgeheberten nachzuweisen, oft auch Blut oder seine Zersetzungsprodukte. Es handelt sich also nicht um eine pathologische Sekretion; der Eiweißgehalt des Ausgeheberten beweist die vermehrte Capillardurchlässigkeit. Man könnte hier von einer ,,Albuminurie in den Magen'' sprechen: Der Plasmaaustritt erfolgt in das Magenlumen.

In Übereinstimmung mit der französischen Literatur *(Blum)* habe ich früher diesem Kochsalzverlust in den Magen-Darmkanal für die Entstehung des Abfalls des Blutchloridspiegels großes Gewicht beigemessen. Dem Einwand *Nonnenbruchs*, daß durch Erbrechen und Absaugen des Mageninhalts keine Hypochlorämie erzeugt werden könne, kommt keine volle Beweiskraft zu. Seine Versuche sind bei normaler Beschaffenheit der Magenwand ausgeführt, während für die hier in Frage stehenden Zustände die abnorme Durchlässigkeit der Magenwände als wichtiges Symptom gekennzeichnet wurde.

Dagegen ist gegen die Annahme eines ausschließlichen Chlorverlusts in den Magen-Darmkanal einzuwenden, daß die im Magen und Darm nachzuweisenden Kochsalzmengen nicht ausreichen, um den in der Blutbahn aufgetretenen Verlust zu erklären. Und ferner kann der Abfall des Natriumchloridspiegels im Blut den Erscheinungen im Intestinaltrakt vorangehen, so daß der plötzliche Abfall im Blut durch den Verlust nach außen nicht erklärt werden kann. Gerade der oben mitgeteilte klinische Befund bestätigt dies.

Die Untersuchungen bei mehreren Obduktionen ergaben, daß niemals eine isolierte Magen-Darmwandschädigung gefunden wird, stets ist die Leber mitbetroffen, oft können die Veränderungen dieses Organs gegenüber denjenigen am Magen im Vordergrund stehen. So stellen die früher beschriebenen Passagestörungen des Magen-Darmkanals nur einen Ausschnitt aus dem gesamten Ablauf des pathologischen Stoffwechsel- geschehens dar. Die Hypochlorämie ist Ausdruck einer Verschiebung des Kochsalzes aus der Blutbahn in das Gewebe *(Chabanier* und *Lobo-Onell)* als Folge erhöhter Capillardurchlässigkeit. Die Untersuchungen *Eppingers* an der Valoniaalge (b) gewähren einen Einblick in die Art dieses Reaktionsablaufs.

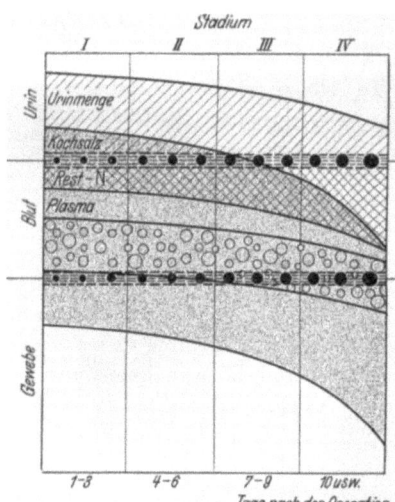

Abb. 24. Schematische Darstellung der Veränderungen des Kochsalzhaushalts, Plasmas und Reststickstoffs bei der Entstehung des protoplasmatischen Kollapses. Das Kochsalz (getönte Fläche) verschiebt sich aus der Blutbahn nach dem Gewebe, es verschwindet aus dem Urin; mit Zunahme der Capillardurchlässigkeit (gekennzeichnet durch Größerwerden der schwarzen Punkte) tritt auch Plasma (Fläche mit Ringen) in das Gewebe über. Der Rest-N im Blut (schraffiert) steigt an, die Urinmenge fällt ab.

Gelingt es nicht beim ersten Absinken des Blutchloridspiegels einen Umschwung im Krankheitsverlauf zu erzwingen, so kann unter den Anzeichen schwersten Kreislaufkollapses der Tod eintreten, wobei die kalten etwas cyanotischen, mit klebrigem Schweiß bedeckten Gliedmaßen stets als eindrucksvolles Symptom beobachtet werden können. Gerade die Tatsache, daß der Tod im Kollaps eintritt, scheint mir von besonderer Wichtigkeit zu sein. Dieses gefahrdrohende Kreislaufversagen ist niemals mit den üblichen Mitteln zu bekämpfen *(Nell)*. Es handelt sich hier eben nicht um den bisher schlechthin als postoperativen Kollaps bezeichneten Zustand. Die wirkliche Grundlage des pathologischen Geschehens ist der protoplasmatische Kollaps, seine anatomische Grundlage ist die seröse Entzündung *(Rössle-Eppinger)*. Die von *Siebeck* (a) hervorgehobene zentrale Stellung des Mineral-Wasserhaushalts bei der Entstehung vieler Kollapsformen ist die Bestätigung dieser Auffassung. Die Leber ist das vermittelnde Organ zwischen gestörter Zirkulation und pathologischem Stoffwechsel.

Es liegt mir fern, etwa behaupten zu wollen, daß jeder Atonie oder postoperativen Hypochlorämie eine seröse Entzündung zugrunde liegen müsse, hierzu reicht mein Material bei weitem nicht aus, aber jedenfalls ist der beschriebene Vorgang eine sicher häufige Art, pathologisch-physiologischen Geschehens bei derartigen Zuständen.

γ) Nachdem oben (S. 368) die zwangsläufige *Koppelung von Zirkulation und Stoffwechsel* schon nachgewiesen werden konnte, sind noch einige Erörterungen über die Entstehung der postoperativen Zirkulationsstörung in der Leber am Platze.

Im ersten Beispiel des Wirbelbruchs ist das Zustandekommen der Kreislaufstörung nach den beschriebenen Versuchen ohne weiteres ersichtlich. Und gleiches gilt für das postoperative Pneumoperitoneum. Aber auch die klinische Erfahrung mahnt zur Beachtung der mechanischen Momente, die im Atemvolumen der Leber ihren Ausdruck finden. Oberbauchoperierte, also Kranke nach Magenresektion, Cholecystektomie oder sonstigen Operationen der Gallenwege sind besonders von postoperativen Störungen im Sinne des protoplasmatischen Kollapses bedroht; sehr korpulente Kranke, zumal Frauen (mit geringer Zwerchfellatmung und schlaffen Bauchdecken) oder sehr empfindliche Kranke, die aus Furcht vor Schmerzen nur oberflächlich atmen, weit mehr als muskuläre Menschen mit starkem Gesundungswillen. Die Versuche haben die direkte Abhängigkeit des Blutwechsels der Leber von der Tiefe der Atmung ergeben. Im hepato-pulmonalen Reflex mit Hemmung der Inspiration *(Schrager)* findet man eine weitere klinische Unterlage für den Beginn der zunächst mechanischen Zirkulationsstörung. Kommt die von *Henderson* (a) beschriebene postoperative Hypotonie des Zwerchfells hinzu (die Vitalkapazität kann nach Bauchoperationen auf 50% absinken), besteht der von *Klotz* und *Straaten* als Ermüdung gedeutete Zustand (S. 368) oder fehlen die Exkursionen infolge reflektorischen Zwerchfellstillstands, z. B. im Beginn eines massiven Lungenkollapses, bei gleichzeitigem Ausfall der Bauchpresse, so gleichen die Verhältnisse den experimentell erzeugten. Die Ventilation der Leber ist nicht mehr gewährleistet, die Stase ist die Folge und hiermit ist die Voraussetzung für ein pathologisches Stoffwechselgeschehen wieder gegeben. Die neuesten Versuche *Meesens* (a, c) beweisen die Gültigkeit gerade für die Leber. Er konnte beim orthostatischen Kollaps schwere Schädigungen des Leberparenchyms, bis zur Nekrose, nachweisen.

Als Ergebnis dieser Ableitung ist also daran festzuhalten, daß die Entwicklung des protoplasmatischen Kollapses stets an die Kombination einer Zirkulations- und Stoffwechselstörung gebunden ist, wie *Eppinger* schon am Beispiel des Histaminkollapses zeigte. Die einfache Stauung im Pfortadergebiet erzeugt zunächst noch keine protoplasmatischen Veränderungen. So werden sie bei der passiven Stauungshyperämie der Herzfehler vermißt, hier ist trotz des vermehrten Blutgehalts der Leber bei erhaltener Zwerchfellfunktion und Bauchpresse der Wechsel des Depotbluts erhalten. Die Potentiale zwischen Blutbahn und Gewebe bleiben bestehen, während einer hochgradigen Drosselung oder der Unterbindung des Atemvolumens der Leber stets die Stoffwechselstörung folgt, oft noch gesteigert durch die gleichzeitige Hypoxämie infolge verringerter Vitalkapazität.

Der umgekehrte Weg einer primären Stoffwechselstörung mit anschließendem Versagen des Kreislaufs ist unter gewissen Bedingungen ebenfalls möglich, wie das Beispiel der Allylformiatvergiftung zeigt; hier ist der Stoffwechsel zuerst geschädigt, der Pfortaderdruck bleibt normal, die Zirkulationsstörung setzt erst in zweiter Linie ein. Für die postoperativen Kollapszustände scheidet dieser Vorgang jedoch aus, da die nachzuweisenden Toxinmengen stets viel geringer sind als die im Tierexperiment zur Erzeugung der Permeabilitätsänderung erforderlichen (S. 358 und 359). Dagegen kommt dieser Ablauf für den Kollaps nach Verbrennung in Frage, da es im Versuch gelingt, durch frühzeitige Amputation eines verbrühten Gliedes die Kollapsentstehung zu verhindern. Ebenfalls primär toxisch ist die Entstehung protoplasmatischer Veränderungen beim Hitzschlag *(Schürmann)*.

3. Praktische Folgerungen für Therapie und Anästhesie.

α) Die *therapeutischen Maßnahmen* müssen nach der gewonnenen Vorstellung über den protoplasmatischen Kollaps gleichfalls von zwei Seiten angreifen können, indem sie primär auf Reparation oder Erhaltung der Zirkulation oder des Stoffwechsels abzielen. Die Eindickung des Blutes, der Abfall der Harnmenge nach einer Operation fordern geradezu auf, diese Störung durch Flüssigkeitszufuhr auszugleichen. Von dieser Maßnahme wird auch seit langem Gebrauch gemacht. Man spricht zumeist von Auffüllen des Kreislaufs. Auf Grund der vorausgegangenen Untersuchungen muß jedoch daran festgehalten werden, daß mit dieser Bezeichnung der sich abspielende Vorgang nur ungenügend erfaßt wird. Die rein mechanische Füllung des Kreislaufsystems ist nicht das Wesentliche, zunächst soll der Eindickung des Blutes begegnet werden, zumal ja die Viscosität des Blutes einen wichtigen Faktor für die Größe des Widerstands in der Gefäßbahn darstellt. Schon auf diese Weise kommt es zur Minderung der Stase und somit der Stoffwechselstörung. Das verringerte Potentialgefälle zwischen Blut und Gewebe wird erhöht.

Die praktische Durchführung wird an der *Kirschner*schen Klinik derart gehandhabt, daß schon am Tag der Operation, wie in den folgenden, 300—450 ccm Flüssigkeit ($^2/_3 = 0,9\%$ Kochsalzlösung, $^1/_3 = 5\%$ Traubenzuckerlösung) intravenös — am leichtesten mit der sog. Rotandaspritze — und 600—800 ccm Kochsalz- und Traubenzuckerlösung zu gleichen Teilen rectal als Tropfeinlauf gegeben werden. Diese Behandlung wird allen Laparatomierten zuteil. Man wartet nicht erst den Eintritt der Komplikation ab. Blutuntersuchungen haben ergeben, daß nach Eingriffen an den Bauchorganen auch ohne sonstige Anzeichen einer Permeabilitätsänderung Neigung zu Anstieg der Erythrocytenwerte besteht. Aus denselben Überlegungen heraus gilt als Regel, daß die Vorbereitung zu einer Laparatomie — von dringenden Fällen natürlich abgesehen — erst dann abgeschlossen ist, wenn die tägliche Urinmenge 800—1000 ccm erreicht hat.

Über die Berechtigung der Kochsalzgabe sind die Ansichten noch geteilt. *Siebeck, Henschen, Chabanier-Lobo-Onell, Nell* empfehlen sie wärmstens, auch hypertonische Lösungen, 10% intravenös, können bei bedrohlichen Zuständen unbedenklich gegeben werden. Unabhängig von ihrem damals noch nicht veröffentlichten Vorgehen haben wir gleichfalls mit sicherem und eindrucksvollem Ergebnis 5—10%ige Lösungen angewandt, und zwar gerade beim absinkenden Blutchloridspiegel. Einzig bei dem zur Obduktion gekommenen, oben mitgeteilten Fall war ein Mißerfolg zu beobachten.

Im Gegensatz hierzu warnt *Eppinger* auf Grund seiner eigenen Untersuchungen und der Arbeiten von *Siedeck* und *Zuckerkandl* über die Bedeutung des Na/Cl-Quotienten dringend vor den Natriumchloridgaben. Vielleicht ist von Bedeutung, in welchem Stadium der protoplasmatischen Veränderung das Natrium gegeben oder entzogen wird. Hierfür würde der Mißerfolg in dem einen Fall sprechen; *Nell* teilt ähnliche Befunde mit. Ist der Circulus vitiosus bereits ausgebrochen, so wird sein Ablauf im Sinne *Eppingers* (b, c) durch weitere Natriumgaben beschleunigt. Hier muß neue klinische und experimentelle Beobachtung und Arbeit einsetzen.

Der Wert der Bluttransfusion ist an dieser Stelle hervorzuheben. *Kirschner* (b) hat dies in seinem Referat besonders betont. Gerade wiederholte kleine Transfusionen, 200—300 ccm, können sehr wirkungsvoll sein.

Die Injektion von Calcium als gefäßdichtendes Mittel kann versucht werden, nur ausreichende Mengen sind wirksam, die Vasomotorenreaktion ist nicht unbedenklich. Im Notfall wird man es versuchen, über eigene Erfahrungen kann nicht berichtet werden. Dagegen hat sich das Strophantin in kleinen Dosen, $^1/_4$ mg täglich, 3—4 Tage gegeben, bestens bewährt. Ursprünglich war an die zentrale Stützung des Herzens gedacht worden. Die Untersuchungen von *Rühl* und *Bergwall* haben uns belehrt, daß stets eine gefäßdichtende Wirkung in Rechnung zu setzen ist. *v. Bergmann* konnte die Auffassung bestätigen und aus der eigenen Erfahrung kann der Gebrauch als Zugabe zu den Infusionen nur empfohlen werden. Die Gefahren nach vorausgegangener Digitalistherapie müssen beachtet werden. Unter dieser Voraussetzung konnte bisher keine Schädigung, wohl aber großer Nutzen beobachtet werden. Über die prophylaktische Digitalisbehandlung wurde viel diskutiert *(v. Kreß-Kittler)*. Uns gibt nur der einwandfreie Nachweis einer digitalisbedürftigen Insuffizienz des Herzens Veranlassung zur präoperativen Behandlung, zumal unter dem Gesichtspunkt, sich des Strophantins im postoperativen Verlauf nicht zu berauben. Dem Veritol wird neuerdings gleichfalls gefäßdichtende

Wirkung zugeschrieben *(Preissecker)*, ein bindendes Urteil für die Klinik ist noch nicht möglich.

Die Wirkung der sog. peripheren Kreislaufmittel richtet sich vornehmlich gegen den vasomotorischen Kollaps. Ihre Bedeutung bei der Behandlung der protoplasmatischen Veränderungen steht hinter den zuvor besprochenen Mitteln zurück.

Zur Besserung der Zirkulationsverhältnisse wird sich die Aufmerksamkeit zunächst der Erhaltung des Atemvolumens der Leber zuwenden müssen: Vermeidung der Stase in der Leber, Erhaltung des Wechsels des Depotbluts sind anzustreben. Es wird also postoperativ für ausreichende, tiefe Atmung zu sorgen sein, die sich keineswegs auf Brustatmung beschränken darf, sondern die ausreichende Zwerchfellexkursion einschließen muß. Die Forderung nach Verabreichung genügender Narkotica zur Ausschaltung des postoperativen Schmerzes ist hierin eingeschlossen. Daß die Dosierung allerdings nie einen solchen Grad erreichen darf, daß Narkosewirkung eintritt, ist zu beachten.

In der Sauerstoff-Kohlensäureatmung ist ein leicht anwendbares, sicheres Mittel zu sofortiger Vertiefung der Atmung gegeben, die nutzbringende Rückwirkung auf das Atemvolumen der Leber konnte experimentell nachgewiesen werden. So lernen wir die Kohlensäure als direkt zentral und indirekt peripher wirkendes Therapeuticum bei postoperativer Kreislaufstörung kennen, deren ausgedehnte Anwendung von *Eppinger* wiederholt und eindringlich gefordert wurde. Er hat sogar geraten, eine vorbereitete Mischung über längere Zeit atmen zu lassen; bei der Durchführung dieser Maßnahme kann sich der Gebrauch des sog. Sauerstoffzelts gut bewähren.

β) Der Einfluß der *Narkose* auf den Kreislauf, besonders auf die zirkulierende Blutmenge wurde von *Franken* und *Schürmeyer* untersucht. Sie fanden indifferentes Verhalten des Lachgases, bei Narcylen kann die zirkulierende Blutmenge sogar zunehmen. Dagegen führen Äther, Chloroform und Avertin gelegentlich zu Kollaps zentral hämodynamischer Genese. Die bekannten histologischen Veränderungen der Leber nach Chloroformvergiftung entsprechen nach *Eppinger* einer Dissoziation des Parenchyms. Auch beim Äther konnten Befunde im Sinne einer serösen Entzündung nachgewiesen werden. *Kaunitz* und *Schober* zeigten beschleunigtes Übertreten von Farbstoffen in die Gewebe, also vermehrte Capillardurchlässigkeit und Abnahme der elektrostatischen Potentiale. Somit ist, zumindest bei Überdosierung, für Äther und Chloroformnarkose die Möglichkeit doppelter Schädigung: hämodynamischer und protoplasmatischer Art nachzuweisen. Berücksichtigt man, daß Oberbauchoperierte vorzugsweise von protoplasmatischen Veränderungen der Leber bedroht sind, so ist gerade bei ihnen Vermeidung einer zusätzlichen Narkoseschädigung anzustreben.

Bei der *Lumbalanästhesie* zu beobachtende Kollapserscheinungen tragen stets den Charakter hämodynamischer Veränderungen *(Schuberth)*. Die Gefahr steigt mit der Zahl der ausgeschalteten Segmente, gerade hierin liegt ein Vorteil der dosierbaren gürtelförmigen *Spinalanästhesie*, wie sie an der *Kirschner*schen Klinik angewandt wird. *Philippides* hat diese Faktoren an Hand eines großen Materials kritisch ausgewertet; regelwidriges Hochsteigen der Anästhesie, zumal mit Ausschaltung der Zwerchfellfunktion, kann zu schwerem Kollaps führen. Protoplasmatische Veränderungen als Folge dieser Anästhesieform wurden bei regelrechter Ausführung des Verfahrens nie nachgewiesen.

Die regelmäßig ausgeführte Einspritzung $1/2$%iger Novocainlösung mit Adrenalinzusatz in die Gegend des Plexus coeliacus zeigt oft günstige Wirkung auf die Kreislaufverhältnisse, zumal im Beginn eines Blutdruckabfalls nach Eintritt der Anästhesie.

Mehr als die hämodynamischen Folgen der Spinalanästhesie interessieren hier im Zusammenhang mit der Pfortader-Leberdurchblutung die Einflüsse der Lagerung der Kranken. Es ist falsch, jeden Blutdruckabfall ohne weiteres als Symptom beginnenden Kollapses bewerten zu wollen. Bei allen Anästhesien wird ein geringer Druckabfall beobachtet, erst stärkere Grade sind bedeutungsvoll. Man muß sich hier an die Arbeiten *Herings* erinnern, der zeigen konnte, daß jeder Beckenhochlagerung als Ausdruck der Regulation auf dem Weg über die Blutdruckzügler ein Abfall des arteriellen Druckes folgt. Und ferner wirkt einer Kreislaufstase in den unteren Gliedmaßen, als Folge eines herabgesetzten Muskeltonus *(Henderson)*, die Hochlagerung des Beckens und der Beine entgegen. Schließlich muß die Beckenhochlagerung nach den vorausgegangenen experimentellen Untersuchungen zur Erhaltung des Atemvolumens der Leber, auch nach Eröffnung des Abdomens beitragen. Denn hier werden ja dieselben Bedingungen geschaffen, die zur Analyse des physiologischen Kreislaufs herangezogen wurden. Hierbei ist wichtig, daß nach den Feststellungen von *Philippides*, die Vitalkapazität während der Anästhesie annähernd erhalten bleibt. So darf als bewiesen gelten, daß gerade die Lagerung der Kranken bei dieser Form der Schmerzausschaltung wesentliche Faktoren in sich schließt, die die Überlegenheit der Spinalanästhesie bei kollapsgefährdeten Kranken gegenüber der Narkose begründen.

Zusammenfassung des III. Abschnitts.

Der Kreislaufkollaps ist kein einheitlicher Vorgang mit einheitlicher Ursache, es gibt kein regelmäßig nachweisbares Kollapsgift und es gibt auch keinen ein für allemal gültigen pathologisch-physiologischen Mechanismus des Krankheitsgeschehens. Die normale Zirkulation wird durch mehrfaches Ineinandergreifen mechanischer, neurologischer, hormonaler und chemischer Faktoren erhalten. Für die Sicherung der

Leistungsfähigkeit bei verschiedener Beanspruchung stehen mannigfache Regulationen, wiederum mechanischer, neurologischer, hormonaler und chemischer Art zur Verfügung; das Symptomenbild des Kollapses wird durch die Reaktionsweise der Regulationseinrichtungen bestimmt.

Im physiologischen Teil wurden die Zirkulationsvorgänge im Pfortader-Lebersystem analysiert. Vermöge seiner Blutmengenreserve wird dieser Teilkreislauf in allen Fällen gesteigerter Leistung beansprucht und ist dementsprechend auch bei jedem Versagen ein maßgebender Faktor: In positivem Sinn, indem von ihm aus ein bedrohtes Gleichgewicht des Gesamtsystems aufrecht erhalten werden kann, in negativem Sinn, indem bei seinem Ausfall die Leistungsbreite des Gesamtsystems derart eingeengt wird, daß bestenfalls bei einer Vita minima Ausgleich besteht, während jede geringe Belastung zum sofortigen Versagen führt. Hämodynamischer oder orthostatischer Kollaps ist die Antwort auf einen plötzlichen Ausfall der Pfortader-Leberzirkulation. Experimentelle Ableitung und klinische Beobachtung haben ergeben, daß in jedem Fall das periphere Herz dieses Teilkreislaufs den mechanischen Hauptregulator darstellt, ohne den die Blutmengenreserve nicht, oder doch nur unvollständig zum Einsatz kommen kann.

Da die Leber aber nicht nur ein Blutreservoir, sondern zugleich ein Stoffwechselzentrum größten Ausmaßes darstellt, folgt jeder länger dauernden Zirkulationsstörung eine Stoffwechselfehlleistung. Ist das Durchblutungsoptimum nicht mehr gewährleistet, so entsteht über die Anoxämie und gegebenenfalls die Toxinwirkung das Versagen der Capillarfunktion. Vermehrte Capillardurchlässigkeit erzeugt das Bild des protoplasmatischen Kollapses. Er ist stets Ausdruck der Kombination pathologischer Zirkulations- und Stoffwechselvorgänge. Hieraus erklärt sich auch der verschieden lange Zeitraum vom auslösenden Trauma bis zum Erscheinen der unterschiedlichen Kollapsformen: Beim hämodynamischen oder orthostatischen Kollaps wird die Gefahr zumeist sofort oder doch nach wenigen Stunden offenbar; der protoplasmatische Kollaps kommt oft erst nach 4—8 Tagen zur vollen Entwicklung. Vielleicht mit aus diesem Grunde wurde diese Form des Kollapses im postoperativen Geschehen bisher kaum beachtet. Störungen des Wasser- und Mineralhaushaltes sind Vorboten seines Erscheinens. Hierin liegt der Übergang zu den postoperativen Komplikationen, die als Atonie oder Hypochlorämie bekannt sind. Zumindest einem Teil dieser Nachkrankheiten liegt eine seröse Entzündung als eigentliche Ursache des Krankheitsgeschehens zugrunde. Die Forderungen der Therapie ergeben sich aus diesem Zusammenhang. Rückschlüsse auf Anästhesie und Narkose sind möglich.

C. Schlußbetrachtung.

Nachdem auf Grund der Ergebnisse der Physiologie und experimentellen Medizin der bisherige enge „hämodynamische" Begriff des

Kreislaufs zugunsten einer umfassenden Betrachtung der Zirkulationsvorgänge in Blutbahn und Gewebe verlassen wurde, schien eine Begrenzung der Untersuchungen über das Versagen des Kreislaufs auf krankhafte Vorgänge in der Blutzirkulation allein nicht mehr angängig. Gerade die Klinik des postoperativen Kollapses ließ Anhaltspunkte gekoppelten Kreislauf- und Stoffwechselversagens erkennen. Lungen, peripheres Capillargebiet und Pfortader-Lebersystem sind die vornehmlichen Schaltstellen dieses Doppelkreislaufsystems.

Das Splanchnicusgebiet mit der Leber — der Vorniere für den gesamten Stoffwechsel — nimmt hierbei eine Sonderstellung ein, indem hier hämodynamische und stoffwechselregulatorische Zentren vereint sind. Gerade hieraus ergeben sich die verschiedenen Möglichkeiten des Versagens: Durch primäre Dysfunktion der Hämodynamik oder des Stoffwechsels. Wieder ist der postoperative Kollaps ein Vorgang, der die wechselseitige Verquickung beider aufdeckt.

Die hämodynamische Aufgabe als großes Blutdepot und die Stoffwechselleistung scheinen zunächst gegensätzliche Vorgänge zu sein, da die Erhaltung normalen Stoff- und Schlackenaustausches an die Erhaltung des physiologischen Potentials zwischen Blutbahn und Gewebe gebunden ist, welches seinerseits wieder von der Geschwindigkeit des Capillarblutstroms abhängt.

In dem atembedingten, periodischen Wechsel des Depotbluts konnte der Faktor aufgedeckt werden, der die Vereinigung der Zirkulations- und Stoffwechselkomponente im Pfortader-Lebergebiet ermöglicht. Und jene Kräfte, die als peripheres Herz dieses Parallelkreislaufs bezeichnet wurden, konnten als Garanten für die Erhaltung der „Leberdurchlüftung" — also des Wechsels des Depotbluts — nachgewiesen werden. Eine Besonderheit des fetalen Kreislaufs läßt diese Zusammenhänge am besten hervortreten. Während des intrauterinen Lebens besitzt das Pfortader-Lebergebiet noch kein peripheres Herz, die Leber erhält zur Sicherung ihrer Stoffwechselfunktion über die Nabelvene direkten Zufluß „arteriellen" Blutes: Dieser Sonderkreislauf ersetzt das spätere Atemvolumen der Leber, die Pfortader ist im Nebenschluß mit ihm verbunden. Mit der Geburt erfolgt die Umstellung, mit der Atmung beginnt auch der stete Wechsel des Depotbluts in der Leber. Der Icterus neonatorum kann Ausdruck dieses Umstellungsvorgangs sein *(Hasse* (c)*)*. Zwerchfell, *Donders*scher Druck und intraabdominaler Druck (als Ausdruck des Spannungszustandes der Bauchmuskulatur) sind die Komponenten, deren Synergismus das zusätzliche Druckgefälle für das Pfortader-Lebergebiet liefert. Ausfall des Leberherzens beim Erwachsenen führt zum Versagen der Zirkulation, später des Stoffwechsels. Hämodynamischer und protoplasmatischer Kollaps sind Ausdrucksformen dieses Vorgangs.

Die Vorstellung eines Verblutens in das Splanchnicusgebiet muß auf Grund neuer Ergebnisse abgelehnt werden. Vielmehr wird fehlende oder mangelhafte Mobilmachung der Kreislaufreserven, der Blutmengenreserven zum hämodynamischen, Stase des Blutstroms infolge fehlenden Wechsels des Depotbluts zum protoplasmatischen Kollapskoëffizienten. Der verschieden große Anteil beider ist Ursache des wechselvollen Bildes postoperativen Kreislaufversagens. Postoperative Hypochlorämie und Magenatonie sind oft nur besondere Ausdrucksformen dieses Geschehens.

Die Erweiterung und Vervollständigung des Kreislaufbegriffs offenbart die Bindung an den Stoffwechsel und aus der Reaktion des Stoffwechsels kann wiederum die Vielseitigkeit und umfassende Regulation des Kreislaufgeschens erschlossen werden.

Schriftenverzeichnis.

Baer-Rössler: Arch. f. exper. Path. **119**, 204 (1927). — *Barcroft:* (a) J. of Physiol. **60**, 79, 434 (1925). — (b) J. of Pysiol. **64**, 1, 23 (1927). — (c) The respiratory funktion of the blood, deutsch von *W. Feldberg.* Berlin: Julius Springer 1927. — *Beneke:* Zit. *Naegeli:* Pathologische Physiologie chirurgischer Erkrankungen, Kap. Magen. Berlin: Julius Springer 1938. — *Benninghoff:* Nauheim. Fortbildgslehrg. **11**, 1 (1935). — *Bergmann, v.:* (a) Funktionelle Pathologie. Berlin: Julius Springer 1936. (b) s. *Bethe* u. *v. Bergmann.* — *Bergwall:* s. *Rühl* u. *Bergwall.* — *Best:* s. *Dale-Best.* — *Bethe-v. Bergmann:* Handbuch der normalen und pathologischen Physiologie, Bd. VII/2. 1927. — *Bier:* Zit. nach *v. Bergmann.* — *Blum:* Rôle du sel dans les Nephrites. Paris 1931. — *Blum-Grabar:* C. r. Soc. Biol. Paris **98**, 527. — *Bohnenkamp:* (a) Lehrbuch der speziellen pathologischen Physiologie. Jena: Gustav Fischer 1937. — (b) Verh. dtsch. Ges. Kreislaufforsch. **11**, 115 (1938). — *Braus-Pfuhl:* Zit. nach *Benninghoff.* — *Broemser:* (a) *Abderhaldens* Anwendung mathematischer Methoden auf dem Gebiet der physiologischen Mechanik, Abt. V, Teil I. — (b) Lehrbuch der Physiologie, 2. Aufl. Leipzig: Georg Thieme 1938. — *Brüner:* Verh. dtsch. Ges. Kreislaufforsch. **11**, 281 (1938). — *Büchner:* Klin. Wschr. **1937 II**, 1409. — *Büchner-Luft:* Beitr. path. Anat. **96**, 549 (1936). — *Burton-Opitz:* (a) Amer. J. of Physiol. **9**, 201 (1902). — (b) Pflügers Arch. **129**, 189 (1909). — *Cannon:* Arch. of Surg. **4**, 1 (1922). — *Carlson:* Z. allg. Physiol. **4**, 264 (1904). — *Chabanier-Lobo-Onell:* Diabète et Chirurgie. Paris: Masson 1936. — *Clara:* Verh. dtsch. Ges. Kreislaufforsch. **11**, 226 (1938). — *Crile:* Ann. Surg. **62**, 262 (1915). — *Dale-Best:* J. of Physiol. **62**, 397 (1926). — *Dale-Evans:* J. of Physiol. **56**, 125 (1922). — *Dittrich:* Die Atembewegungen der Norm und Fehlform. Stuttgart: Ferdinand Enke 1937. — *Elias-Feller:* Z. exper. Med. **77**, 538 (1931). — *Eppinger:* (a) Die Leberkrankheiten. Wien: Julius Springer 1937. — (b) Die seröse Entzündung. Wien: Julius Springer 1935. — (c) Verh. dtsch. Ges. Kreislaufforsch. **11**, 166 (1938). (d) Zur Pathologie der Kreislaufkorrelation, Handbuch der normalen und pathologischen Physiologie, Bd. 16. — (e) Zur Pathologie und Therapie des menschlichen Ödems. Berlin 1917. — *Eppinger-Hofbauer:* Z. klin. Med. **72**, 154 (1911). — *Eppinger-Laszlo-Schürmeyer:* Klin. Wschr. **1928 II**, 2231. — *Eppinger-Schürmeyer:* Klin. Wschr. **1928 I**, 777. — *Erlenmeyer:* Münch. med. Wschr. **1916 I**, 986. — *Evans:* s. *Dale* u. *Evans.* — *Ewig:* Verh. dtsch. Ges. Kreislaufforsch. **11**, 148 (1938). *Ewig-Klotz:* Dtsch. Z. Chir. **235**, 681 (1932). — *Feller:* s. *Elias* u. *Feller.* — *Fischer-Wasels:* Verh. dtsch. Ges. Kreislaufforsch. **11**, 205 (1938). — *Frank:* (a) Z. Biol. **44**, 445 (1903) u. folg. Arbeiten in ders. Zeitschr. — (b) Zit. nach *Straub:* Bestimmung des Blutdrucks, *Abderhaldens* Handbuch der biologischen Arbeitsmethoden, Abt. V, Teil 4/I, 1923. — *Franken-Schürmeyer:* Narkose u. Anästh. 1, 437 (1928). — *Frey:* Münch. med. Wschr. **1930 II**, 1181. — *Gad:* Diss. Berlin 1873. — *Ganter-Schretzenmeyer:* Zit. nach Naunyn-Schmiedebergs Arch. **161**, 73 (1931). — *Gerlach-Schütz:* Zit. nach Arch. klin. Chir. **167**, 825 (1931). — *Gollwitzer-Meier:* (a) Klin. Wschr. **1931 I**, 817. — (b) Verh. dtsch. Ges. Kreislaufforsch. **11**, 15 (1938). — (c) Z. exper. Med. **69**, 367, 377 (1929). — *Grab-Janssen-Rein:* (a) Klin. Wschr. **1929 II**, 1539. — (b) Z. Biol. **89**, 324 (1930). — *Grabar:* s. *Blum* u. *Grabar.* — *Hansen:* Verh. dtsch. Ges. Kreislaufforsch. **11**, 158 (1938). — *Hasebroek:* Pflügers Arch. **163**, 191 (1916). — *Hasse:* (a) Arch. Physiol. u. Anat. **288**, (1906). — (b) Arch. Physiol. u. Anat. **209** (1907). — (c) Zit. nach *Eppinger:* Die Leberkrankheiten. — *Havlicek:* (a) Anatomische und physiologische Grundlagen der Thromboseentstehung und deren Verhütung. Selbstverlag. — (b) Verh. dtsch. Ges. Kreislaufforsch. **7**, 195 (1934). — *Heinemann:* Münch. med. Wschr. **1938 II**, 1319. — *Henderson:* (a) Lancet **1935**, 128. — (b) Verh. dtsch. Ges. Kreislaufforsch. **11**, 121 (1938). — *Henschen:* (a) Arch. klin. Chir. **167**, 825 (1931). — (b) Arch. klin. Chir. **173**, 488 (1932). — *Hering:* Carotissinusreflexe. Dresden 1927. — *Hess:* (a) Klin. Wschr. **1922 II**, 2409. — (b) Pflügers Arch. **168**, 439 (1917). — (c) Verh. dtsch. Ges. Kreislaufforsch. **11**, 253 (1938). — *Hochenegg:* Zit. nach Arch. klin. Chir. **167**, 825 (1931). — *Hofbauer:* s. *Eppinger* u. *Hofbauer.* — *Hoppe-Seyler:* Z. physiol. Chem. **130**, 217 (1923). — *Hürthle:* Pflügers Arch. **173**, 158 (1919). — *Janssen:* s. *Grab-Janssen-Rein.* — *Jaure:* Z. exper. Med. **82**, 708 (1932). — *Kastert:* Virchows Arch. **294**, 774 (1935). — *Kaunitz-Schober:* Z. klin. Med. **131**, 219 (1937). — *Keith:* J. of Anat. **42** (1908). — *Kelling:* Zit. nach *Naegeli:* Pathologische Physiologie chirurgischer Erkrankungen, Kap. Magen. Berlin: Julius Springer 1938. — *Kirschner:* (a) Arch. klin. Chir. **193**, 230 (1938). — (b) Chirurg **10**, 249, 314 (1938). — *Kittler:* s. v. *Kress-Kittler.* — *Klemensiewicz:* Sitzber. Wien. Akad. Wiss., Math.-naturwiss. Kl. **94**, 17 (1886). — *Klotz:* s. *Ewig* u. *Klotz.* — *Klotz-Straaten:* Klin. Wschr. **1931**, 1952. — *Koch:* Verh. dtsch. Ges. Kreislaufforsch. **11**, 278 (1938). — *Kottenhoff:* (a) Luftfahrtmed. **2**, 194 (1938). — (b) Luftfahrmed. **3**, 32 (1938). — (c) s. *Weltz* u. *Kottenhoff.* — *Kress, v.-Kittler:* Neue deutsche Chirurgie, Bd. 59. Stuttgart: Ferdinand Enke 1938. — *Krogh-Landis-Turner:* J. klin. Invest. **11**, 63 (1932). — *Lamson:* J. of Pharmacol. **16**, 125 (1920). — *Landis:* (a) Amer. J. Physiol. **75**, 548 (1926). — (b) Amer. J. Physiol. **83**, 528 (1927). — (c) s. *Krogh-Landis-Turner.* — *Landois-Rosemann:* Lehrbuch der Physiologie. Berlin u. Wien: Urban & Schwarzenberg 1932. — *Laszlo:* s. *Eppinger-Laszlo-Schürmeyer.* — *Lauber:* Erg. inn. Med. **44**, 678 (1932). — *Lobo-Onell:* s. *Chabanier* u. *Lobo-Onell.* — *Luft:* s. *Büchner* u. *Luft.* — *Macleod-Pearce:* Amer. J. Physiol. **35**, 87 (1914). — *Mautner:* s. *Pick* u. *Mautner.* — *Meesen:* (a) Verh. dtsch. Ges. Kreislaufforsch. **11**, 275 (1938). — (b) Beitr. path. Anat. **99**, 329 (1937). — (c) Beitr. path. Anat. **102**, 191 (1939). — *Meythaler:* Pathologische Physiologie chirurgischer Erkrankungen, Kap. Leber. Berlin: Julius Springer 1938. — *Michalowski-Vogelfanger:* Z. exper. Med. **100**, 78 (1937). — *Naegeli:* Dtsch. Z. Chir. **237**, 396 (1932). — *Narath II:* Dtsch. Z. Chir. **135**, 305 (1916). — *Nell:* Bruns' Beitr. **166**, 371 (1937). — *Nonnenbruch:* Med. Klin. **1935 I**, 101. — *Oppenheim:* Zit. nach *Sauerbruch.* — *Osama-Wakabayashi:* Arch. klin. Chir. **188**, 317 (1937). — *Ozaman:* C. r. Acad. Sci. Paris **93**, 92 (1881). — *Pearce:* s. *Macleod* u. *Pearce.* — *Petersen:* Histologische und mikroskopische Anatomie. München: J. F. Bergmann 1931. — *Pfuhl:* s. *Braus* u. *Pfuhl.* — Handbuch der mikroskopischen Anatomie, Bd. 5/2, S. 248. 1932. — *Philippides:* Erg. Chir. **31**, 530 (1938). — *Pick-Mautner:* (a) Arch. f. exper. Path. **142**, 271 (1929). (b) Biochem. Z. **127**, 200 (1922). — *Poiseuille:* Zit. nach *Tigerstedt.* — *Popper:* Klin. Wschr. **1931 II**, 2129. — *Preissecker:* Zbl. Gynäk. **1938**, 1445. — *Ranke:* Z. Biol. **95**, 179 (1934). — *Rehn:* Der Schock und verwandte Zustände des autonomen Systems. Stuttgart: Ferdinand Enke 1937. — *Rein:* s. *Grab-Janssen-Rein.*—

(a) Arch. klin. Chir. **189**, 302 (1937). — (b) Bruns' Beitr. **167**, 509 (1938). — (c) Einführung in die Physiologie des Menschen. Berlin: Julius Springer 1936. — (d) Z. Biol. **87**, 394 (1928). — *Rein-Schneider:* Klin. Wschr. **1934** I, 870. — *Ritter:* Mitt. Grenzgeb. Med. u. Chir. **35**, 76 (1922). — *Rosemann:* s. *Landois-Rosemann.* — *Rössle:* Klin. Wschr. **1935** I, 769. — *Rössler:* s. *Baer-Rössler.* — *Rost:* Pathologische Physiologie des Chirurgen, 3. Aufl. Leipzig: F. C. W. Vogel 1925. — *Rühl:* (a) Arch. f. exper. Path. **158**, 282 (1930). — (b) Verh. dtsch. Ges. Kreislaufforsch. **11**, 134 (1938). — *Rühl* u. *Bergwall:* Arch. f. exper. Path. **166**, 529 (1932). — *Sahlenburg:* s. *Wieting* u. *Sahlenburg.* — *Sauerbruch:* Chirurgie der Brustorgane, Bd. II, S. 651. 1925. — *Schmid, J.:* (a) Pflügers Arch. **125**, 527 (1908). — (b) Pflügers Arch. **126**, 165 (1909). *Schmidt, K. H.:* Dtsch. Z. Chir. **239**, 369 (1933). — *Schneider:* s. *Rein-Schneider.* — *Schrager:* Surg. etc. **97**, 1 (1928). — *Schretzenmeyer:* s. *Ganter* u. *Schretzmeyer.* — *Schober:* s. *Kaunitz* u. *Schober.* — *Schubert:* Acta chir. scand. (Stockh.) **78** (Suppl.), 43 (1936). — *Schürmeyer:* (a) s. *Eppinger* u. *Schürmeyer.* — (b) s. *Eppinger-Laszlo-Schürmeyer.* — (c) s. *Franken* u. *Schürmeyer.* — *Schurmann:* Veröff. Heeressan.wes. **105**, 218 (1938). — *Schütz:* s. *Gerlach* u. *Schütz.* — *Sérégé:* Slg klin. Vortr., N.F. **1900**, 576. — *Siebeck:* (a) Klin. Wschr. **1927** II, 1361. — (b) Verh. dtsch. Ges. Kreislaufforsch. **11**, 34 (1938). — *Siedeck* u. *Zuckerkandl:* Klin. Wschr. **1935** I, 568; **1935** II, 1137. — *Straub:* Verh. dtsch. Ges. Kreislaufforsch. Nauheim **1938**, Disk.-bem. — *Straaten:* s. *Klotz* u. *Straaten.* — *Takabayashi:* Arch. klin. Chir. **189**, 97 (1937). — *Tannhauser:* Zbl. Chir. **1932**, 2834. — *Tigerstedt:* (a) Erg. Physiol. **18**, 1 (1920). — (b) Physiologie des Kreislaufs, Buch V, S. 281. 1922. — *Turner:* s. *Krogh-Landis-Turner.* — *Usadel:* Arch. klin. Chir. **142**, 423 (1926). — *Vogelfanger:* s. *Michalowski* u. *Vogelfanger.* — *Wahren:* Z. Kreislaufforsch. **29**, 149 (1937). — *Weltz:* (a) Nauheim. Fortbildgslehrg. **11**, 118 (1935). — (b) Verh. dtsch. Ges. Kreislaufforsch. **8**, 98 (1935). (c) Luftfahrtmed. **1**, 2 u. **2**, 1/2 (1937). — *Weltz* u. *Kottenhoff:* Luftfahrtmed. **1**, 2 (1937). — *Wenkebach:* Zit. nach *Eppinger:* Die Leberkrankheiten. — *Wieting-Sahlenburg:* Erg. Chir. **14**, 617 (1922). — *Wollheim:* (a) Klin. Wschr. **1927** II, 2134. — (b) Z. klin. Med. **116**, 269 (1931). — *Zink:* Verh. dtsch. Ges. Kreislaufforsch. **11**, 263 (1938). — *Zopff:* (a) Arch. klin. Chir. **186**, 453 (1936). — (b) Zbl. Chir. **1936**, 2798. — *Zuckerkandl:* s. *Siedeck* u. *Zuckerkandl.*

Aufnahmebedingungen.

I. Sachliche Anforderungen.

1. Der Inhalt der Arbeit muß dem Gebiet der Zeitschrift angehören.
2. Die Arbeit muß wissenschaftlich wertvoll sein und Neues bringen. Bloße Bestätigungen bereits anerkannter Befunde können, wenn überhaupt, nur in kürzester Form aufgenommen werden. Dasselbe gilt von Versuchen und Beobachtungen, die ein positives Resultat nicht ergeben haben. Arbeiten rein referierenden Inhalts werden abgelehnt, vorläufige Mitteilungen nur ausnahmsweise aufgenommen. Polemiken sind zu vermeiden, kurze Richtigstellung der Tatbestände ist zulässig. Aufsätze spekulativen Inhalts sind nur dann geeignet, wenn sie durch neue Gesichtspunkte die Forschung anregen.

II. Formelle Anforderungen.

1. Das Manuskript muß leicht leserlich geschrieben sein. Die Abbildungsvorlagen sind auf besonderen Blättern einzuliefern. Diktierte Arbeiten bedürfen der stilistischen Durcharbeitung zwecks Vermeidung von weitschweifiger und unsorgfältiger Darstellung. Absätze sind nur zulässig, wenn sie neue Gedankengänge bezeichnen.
2. Die Arbeiten müssen *kurz* und in gutem Deutsch geschrieben sein. Ausführliche historische Einleitungen sind zu vermeiden. Die Fragestellung kann durch wenige Sätze klargelegt werden. Der Anschluß an frühere Behandlungen des Themas ist durch Hinweis auf die letzten Literaturzusammenstellungen (in Monographien, „Ergebnissen", Handbüchern) herzustellen.
3. Der Weg, auf dem die Resultate gewonnen wurden, muß klar erkennbar sein, jedoch hat eine ausführliche Darstellung der Methodik nur dann Wert, wenn sie wesentlich Neues enthält.
4. Jeder Arbeit ist eine kurze Zusammenstellung (höchstens 1 Seite) der wesentlichen Ergebnisse anzufügen, hingegen können besondere Inhaltsverzeichnisse für einzelne Arbeiten nicht abgedruckt werden.
5. Von jeder Versuchsart bzw. jedem Tatsachenbestand ist in der Regel nur *ein* Protokoll (Krankengeschichte, Sektionsbericht, Versuch) im Telegrammstil als Beispiel in knappster Form mitzuteilen. Das übrige Beweismaterial kann im Text oder, wenn dies nicht zu umgehen ist, in Tabellenform gebracht werden; dabei müssen aber umfangreiche tabellarische Zusammenstellungen unbedingt vermieden werden[1].
6. Die Abbildungen sind auf das Notwendigste zu beschränken. Entscheidend für die Frage, ob Bild oder Text, ist im Zweifelsfall die Platzersparnis. Kurze, aber erschöpfende Figurenunterschrift erübrigt nochmalige Beschreibung im Text. Für jede Versuchsart, jede Krankenbeschreibung, jedes Präparat ist nur *ein* gleichartiges Bild, Kurve u. ä. zulässig. Unzulässig ist die *doppelte* Darstellung in Tabelle *und* Kurve. *Farbige* Bilder können nur in seltenen Ausnahmefällen Aufnahme finden, auch wenn sie wichtig sind. Didaktische Gesichtspunkte bleiben hierbei außer Betracht, da die Aufsätze in den Archiven nicht von Anfängern gelesen werden.
7. Literaturangaben, die nur im Text berücksichtigte Arbeiten enthalten dürfen, erfolgen ohne Titel der Arbeit nur mit Band-, Seiten-, Jahreszahl. Titelangabe nur bei Büchern.
8. Die Beschreibung von Methodik, Protokollen und anderen weniger wichtigen Teilen ist für *Kleindruck* vorzumerken. Die Lesbarkeit des Wesentlichen wird hierdurch gehoben.
9. Das Zerlegen einer Arbeit in mehrere Mitteilungen zwecks Erweckung des Anscheins größerer Kürze ist unzulässig.
10. Doppeltitel sind aus bibliographischen Gründen unerwünscht. Das gilt insbesondere, wenn die Autoren in Ober- und Untertitel einer Arbeit nicht die gleichen sind.
11. An *Dissertationen*, soweit deren Aufnahme überhaupt zulässig erscheint, werden nach Form und Inhalt dieselben Anforderungen gestellt wie an andere Arbeiten. Danksagungen an Institutsleiter, Dozenten usw. werden nicht abgedruckt. Zulässig hingegen sind einzeilige Fußnoten mit der Mitteilung, wer die Arbeit angeregt und geleitet oder wer die Mittel dazu gegeben hat. *Festschriften, Habilitationsschriften* und *Monographien* gehören nicht in den Rahmen einer Zeitschrift.

---

[1] Es wird empfohlen, durch eine Fußnote darauf hinzuweisen, in welchem Institut das gesamte Beweismaterial eingesehen oder angefordert werden kann.

If you have any concerns about our products,
you can contact us on
ProductSafety@springernature.com

In case Publisher is established outside the EU,
the EU authorized representative is:
**Springer Nature Customer Service Center GmbH
Europaplatz 3, 69115 Heidelberg, Germany**

Printed by Libri Plureos GmbH
in Hamburg, Germany